欧洲古典柱式代表建筑

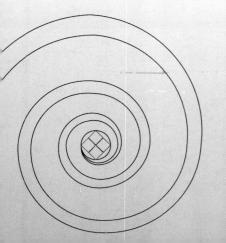

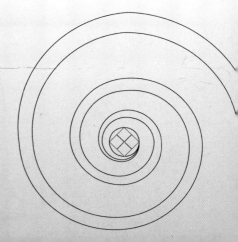

古埃及柱式（卡纳克阿蒙神庙）

古埃及柱式（卡纳克阿蒙神庙）

古希腊陶立安柱式（雅典，帕提农神庙）

古希腊爱奥尼柱式（雅典，伊瑞克提翁神庙）

古希腊科林斯柱式（雅典，奥林匹亚宙斯神庙）

古希腊柱式（雅典，帕提农神庙局部）

古希腊女人柱式（雅典，伊瑞克提翁神庙）

古罗马科林斯柱式（罗马，古罗马广场）

古罗马爱奥尼柱式（罗马，古罗马广场）

古罗马柱式（以弗所，塞尔苏斯图书馆）

古罗马柱式（罗马，提图斯凯旋门）

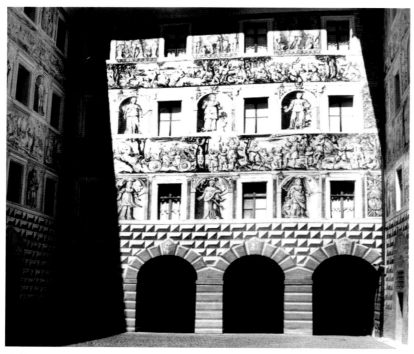

文艺复兴时期的柱式（因斯布鲁克，阿姆布拉斯宫局部）

古罗马柱式（罗马，斗兽场）

文艺复兴时期的柱式

文艺复兴时期的柱式（佛罗伦萨）

文艺复兴时期的柱式（佛罗伦萨，庇蒂宫）

文艺复兴时期的柱式（威尼斯，圣卢卡的格里马尼宫）

巴洛克风格建筑（威尼斯，安康圣母教堂）

文艺复兴时期的柱式（威尼斯，圣马可大教堂前廊）

文艺复兴时期的柱式（维琴察，卡普拉别墅）

文艺复兴时期的柱式（费拉拉，斯特罗兹－罗塞蒂·贝维拉夸宫）

文艺复兴时期的柱式（佛罗伦萨，共和国广场局部）

文艺复兴时期的柱式（米兰，和平门）

文艺复兴时期的柱式（保亚娜别墅）

巴洛克风格建筑（威尼斯，火车站局部）

古典复兴主义建筑（圣潘克拉斯大教堂的卡立阿基达柱）

文艺复兴时期的柱式（梵蒂冈，圣彼得大教堂及广场）

巴洛克风格建筑

巴洛克风格建筑（巴黎，歌剧院）

哥特式建筑（不莱梅市政厅）

现代仿古希腊柱式

现代仿古希腊柱式

现代仿古希腊人像柱式

现代希腊柱式

现代希腊柱式

现代新古典主义柱式（美国诺福克，克莱斯勒汽车博物馆）

现代新古典主义柱式（美国特拉华州威尔明博物馆之东入口）

现代新古典主义柱式（美国诺福克，克莱斯勒汽车博物馆局部）

现代新古典主义柱式（美国华盛顿，正方形市场）

现代新古典主义柱式（美国诺福克，克莱斯勒汽车博物馆局部）

现代新古典主义柱式（新奥尔良，意大利广场局部）

ArtDeco 风格柱式（无锡，长泰锡东国际城会所局部）

ArtDeco 风格柱式（无锡，长泰锡东国际城会所走廊）

ArtDeco 风格柱式（无锡，长泰锡东国际城会所）

欧洲古典柱式

做法与建筑规则及以后的发展

主　编　彭应运

副主编　刘艳玲　夏靖

天津大学出版社

TIANJIN UNIVERSITY PRESS

图书在版编目（ＣＩＰ）数据

　欧洲古典柱式：做法与建筑规则及以后的发展 ／ 彭应运
主编． -- 天津 ： 天津大学出版社，2015.4(2015.5 重印）
　ISBN 978-7-5618-5281-1

　Ⅰ．①欧… Ⅱ．①彭… Ⅲ．①柱（结构）一细部设计
一欧洲一图集 Ⅳ．① TU-883

　中国版本图书馆CIP 数据核字（2015）第 067332 号

出版发行　天津大学出版社
地　　址　天津市卫津路 92 号天津大学内（邮编：300072）
电　　话　发行部 022-27403647
网　　址　publish.tju.edu.cn
印　　刷　北京信彩瑞禾印刷厂
经　　销　全国各地新华书店
开　　本　210mm×285mm
印　　张　13.25（彩插 32）
字　　数　325 千
版　　次　2015 年 4 月第 1 版
印　　次　2015 年 5 月第 2 次
定　　价　98.00 元

本书编委会

主　　编　彭应运

副 主 编　刘艳玲　夏靖

指　　导　孔力行　邱慧康

参编人员　陈继军　陈　琳　杨　雅　党　超　张文婷　陈敏玲

　　　　　刘帼俊　赵富华　吴甜　杨彦培　周文瀚　金晶玲

　　　　　王　丽　桂建华　李旻峰

前 言

随着我国 30 多年的开放与改革，经济步入了高速发展时期，房地产业成了国民经济发展的重要支柱。进入 21 世纪后，房地产业无论是在开发规模上，还是在资金投入上都是空前的。在建筑与环境的设计中，各种风格、流派的建筑先后登场，各显其道，其中不少楼盘采用了欧洲古典建筑风格。采用古典风格的作品水平参差不齐，有的作品比较成功，有的作品则张冠李戴、比例失调，不符合欧洲古典柱式与建筑的构成规则。究其原因，是 20 世纪以来，建筑教育已转入"新建筑运动"的内容，"学院派"领衔世界建筑潮流的时代已相去甚远，各建筑院校已不进行欧洲古典柱式与建筑方面的教育，当前的建筑师、环境师对欧洲古典柱式与建筑的比例尺度、构成法则知之甚少，在进行这类建筑的设计时多是"雾里看花""依葫芦画瓢"地模仿，由于对古典柱式与建筑的文脉了解不够，故也就把握不准，必然会设计出一些品位不高的作品。在新古典风格的创作上，也由于根底不深，很容易带几分"臆造"，似是而非。

几年前，由于设计任务需要，涉及欧洲古典建筑，我细读了由前苏联时期伊·布·米哈洛弗斯基教授所著，由我的老师陈志华、高亦兰合译的《古典建筑形式》一书，受益匪浅。

1925 年，伊·布·米哈洛弗斯基根据欧洲文艺复兴时期的大师维尼奥拉的叙述写了《古典建筑形式》一书。作者以法式化的希腊柱式及其罗马变体为基础，写出了这些做法与规则，并认为这种柱式是建筑形式的基本法则，是整个欧洲古典建筑的基础。这本书还包含了很多关于古典建筑构件、建筑的组合要素和手法的宝贵知识。

在欧洲文艺复兴时期，将罗马柱式法式化的有三位大师，他们分别是维尼奥拉（1507—1573，作家、雕刻师和建筑师，与米开朗基罗一起工作过，出版过专著《建筑五大柱式的规则》）、帕拉第奥（1518—1580，威尼斯人，出身于石匠—泥水匠行会，1554 年出版了《古典测绘图集》，1570 年出版了主要著作——四卷关于建筑的书）、文森佐·斯卡莫齐（1548—1616，文艺复兴时期的主要建筑理论家、建筑师，在待建工程中，他接续了帕拉第奥的很多作品）。这三位大师几乎在文艺复兴晚期的同一时代对罗马柱式的法式化提出了自己的规则。这些规则之间各有异同，自成体系。

我们应十分感谢伊·布·米哈洛弗斯基教授及清华大学的两位教授陈志华和高亦兰。他们把当时流传于前苏联建筑界的十分重要的一本经典著作——《古典建筑形式》介绍到了刚刚成立的新中国，该书出版后鉴于当时的情况并没有受到重视与尊重，知之者甚少。当今，我们迎来房地产业蓬勃发展的春天，当大家在学习世界各种建筑风格与流派时，在接续欧洲建筑风格的文脉时，这本书可以作为我们较系统地研究欧洲古典柱式与建筑风格的典籍，这就是我们推出本书的目的之所在。鉴于该书出版早，印刷质量差，不少插图与照片已很不清晰，文字也由于直译较多，与如今的阅读习惯差距较大，故本书按照大家比较容易理解的语言逻辑重新编写，去掉了一些冗长的部分。原有插图除极少保留外，都重新仿画出来，大部分为手绘，柱式部分为计算机绘制。此外，又追加了与本书有关的由多个人拍摄的照片及一部分文献与书籍中的照片，以解释清楚古典柱式与建筑的发展过程。本书已不能算作原著的翻译本了，且算作读书笔记与心得吧，供年轻的同人阅读、参考，以便更多地知道一些欧洲古典柱式与建筑更深一层的知识。"古典建筑"是人类祖先留下的、在历史的长河中经过无数次淘汰与创作的优秀作品，受到当今人们的喜爱与崇敬，这些建筑反映了古希腊、古罗马高超的技艺与文化的繁荣，也反映了人类文明的代代相传。"柱式"的定义来自古罗马人，故从狭义范畴上说，是专指古希腊与古罗马的柱式。为了将古典柱式与建筑在当今的发展描述得更清楚一些，在本书的最后一章，邀请了陈继辉老先生与陈琳女士编写了现代建筑设计中接续欧洲古典柱式与建筑文脉的一些作品，以便使读者了解一些古典文脉的发展以及再创造的动向。

在本书即将出版的时候，让我代表本书的编委感谢参与本书工作的年轻同人，他们在百忙之中不计劳苦、报酬参与本书机绘部分的工作；不少人还为本书贡献了去欧洲拍摄的精美照片。另外，要特别感谢澳大利亚柏涛公司的孔力行先生与深圳立方库博公司的邱慧康先生对本书的大力支持与指导，使本书较快地与各位读者见面，将前人的知识接续下来。

目 录

第一章

欧洲古典柱式及建筑发展概况

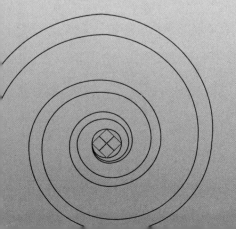

一、古希腊、古罗马时期及欧洲的文艺复兴运动

为了让大家更好地理解欧洲古典柱式及建筑的发展历史，笔者把古希腊与古罗马的历史以及公元 14 世纪欧洲文艺复兴运动简单地介绍给大家。

古希腊位于地中海的东北部，通过海路可以与古埃及与小亚细亚、中东等地区往来。这个地方气候温和，适宜人类居住，容易受古巴比伦、古波斯及古埃及等地区的文化、艺术、建筑术的影响。古希腊时期的宗教为多神教，古希腊属于人文社会，有着著名的古代哲学家亚里士多德、科学家阿基米德等一批杰出的先贤人物及灿烂的哲学、医学、数学、文学著作。

古希腊时期来此定居的第一批人是由北方来的游牧民族——迈锡尼人。后来由北方移来的多利安人打败了迈锡尼人，占领了巴尔干半岛南部，并建立了雅典城（公元前 8 世纪）及斯巴达城等大小城邦。由于受古埃及文化的影响，公元前 5 世纪先后开创的各领域的古希腊文化在人类历史上创造了灿烂的古希腊文明，在建筑领域创造了以陶立安、爱奥尼、科林斯柱式为基础的各类建筑。公元前 800—公元前 600 年，航海业发达的希腊在意大利南部及西西里的沿海建立了多个陆上封闭的城邦，这些城邦只与希腊诸邦往来。公元前 3 世纪马其顿亚历山大大帝侵入，各城邦衰落破败，希腊人转投这些殖民城邦。

古罗马时期为公元前 735—公元 475 年，罗马城邦位于欧洲亚平宁半岛中部，罗马人来自何处说法不一，建立城邦后汇聚了多个民族。随着罗马联盟的发展，他们的势力范围扩至全半岛，公元前 272 年，终于将意大利南部的希腊各城邦纳入了罗马联盟范围。公元前 197 年马其顿败于罗马联盟，古希腊地区为罗马所占领。由于罗马人对希腊文化的崇敬与对不同宗教和人种予以的包容同化，先后又汇聚了古希腊人、小亚细亚人、马其顿人等，他们给罗马带来了各种知识、工艺、建筑术及商业的繁荣。古罗马时期，古罗马军队征战埃及与地中海沿岸的多个地区，大大地扩展其领地，夺取了大量的财富与奴隶，他们修建了大量的庙宇、宫殿、斗兽场、府邸等建筑，规模巨大。

在建造中，他们将传入的希腊柱式发展成完善的由塔司干、陶立安、爱奥尼、科林斯柱式组成的古罗马柱式体系，在大量的建筑中使用了火山灰水泥，又从中东引入了拱券建造技术，使建造很多超大型建筑物成为可能。

公元395年，古罗马国王逝世，临终前他将国土分为西罗马与东罗马两个部分，并分封给了他的两个儿子。西罗马的首都就在现今的意大利首都罗马，东罗马的首都位于君士坦丁堡（现今土耳其的伊斯坦布尔市），东罗马后又称拜占庭王国。公元475年，北方民族日耳曼人攻占了罗马城，并将其毁灭，灿烂的古代文化与文明几乎无存，欧洲进入了一千年的黑暗时期。而东罗马（拜占庭）由于君士坦丁堡三面环海、一面靠山，易守难攻，虽经多次外族的进攻，但久攻不下，又幸运地生存了一千年。故在君士坦丁堡保存了大量的古希腊、古罗马的古典书籍。很多书籍是以手抄本的形式保留下来的。1204年，欧洲的十字军东征，他们由中东返回欧洲时路过君士坦丁堡，在图书馆中发现了一大批古籍，连抢带拿运回了处于黑暗时期的欧洲。1453年，君士坦丁堡为土耳其所攻占，拜占庭王国消亡，欧洲古代文明被毁，在君士坦丁堡被攻占前，欧洲人又抢救出一批古籍运回欧洲。14至16世纪，欧洲各地的知识分子到意大利学习古人留下的书籍与文化，后来欧洲各地又广办大学，推广古代的文明及文化，再度创造与复兴了欧洲的文明，这个时期称为"文艺复兴时期"，这种思潮称为"文艺复兴运动"。欧洲终于走出了漫长的黑暗时期，并领先于世界的先进文化潮流。这个时期，欧洲在天文、科学、哲学、文艺领域涌现出一大批杰出人物，如但丁、哥白尼、布鲁诺、伽利略等，在艺术领域产生了"三杰"——达·芬奇、米开朗基罗、拉斐尔。经过几百年的学习与复兴，欧洲人找回了迷失的心智，为17世纪的工业革命与资产阶级民主革命做好了思想上、物质上的准备。在建筑领域，维尼奥拉、帕拉第奥、斯卡莫齐等人系统地研究了古罗马时期的柱式与建筑，将它们系统化、数字化、经典化，为柱式制定了严格的数据规范，形成了影响以后几百年的学院派古典建筑艺术法则。

二、古典柱式及建筑的演变过程

任何一种建筑形式，由于在不同时代与不同地区的应用都会因为社会的发展、科技与材料的进步以及当时当地文化与艺术潮流的影响，不断地融入一些新的元素与要求，淘汰一些过时的东西，创造出保留原有建筑形式但又有新风格的衍生建筑形式。这就是当今留存的古典建筑展示给我们的时代、地域印记与文脉。

（1）古埃及留下的古迹，如卡纳克阿蒙神庙等早在公元前 2000 年就使用了巨大的块石柱廊（见彩插 1、2）。古希腊时期，这种建筑术由埃及传入希腊，古希腊人用大理石先后创造了更精美、更具性格的陶立安、爱奥尼、科林斯三种柱式，并以此建造了多个神庙和纪念亭廊（见彩插 3~7）。古希腊时期的建筑艺术闪耀着天才的光芒，它的一些原则、构图手法以及形制影响了古罗马及欧洲 2000 多年的建筑风格。古希腊时期的柱式不仅是建筑物的承重构件，还带有手工制作的任意性和随时而变的创造性。

（2）由于马其顿人的入侵，古希腊被毁灭，不少希腊人逃到了意大利，于是希腊建筑术在这里生根发芽。由于罗马帝国的强大与征战，古罗马人占领了地中海沿岸与中东部分地区，同时引入了拱券技术，修建了很多巨大的建筑物。但柱式仍为建筑艺术风格的主体，拱券体系成了承重构件，柱式由承重构件转变成装饰构件，柱式与拱券有机地结合起来，建筑造型更系统化，也更完美。如斗兽场这种多层建筑，由下至上地采用了不同类型的柱式，来表达受力逐层减小的变化，以加强建筑的稳定性和庄重性（见彩插 8~12）。柱式也发展为四种定型柱式——塔司干、陶立安、爱奥尼、科林斯及一种复合柱式。各种柱式由基座、柱础、柱身、柱头和檐部组成，各组成部分比例定型化。这个时期的建筑理论也有了发展，维特鲁威编写了建筑论文集。

（3）14 到 17 世纪，欧洲处于文艺复兴时期，欧洲人学习了从拜占庭王国抢救回来的古籍，又认真地研究了罗马帝国残留的遗迹，并对古迹进行了精心仔细的测绘，建筑师与工匠们精心地推敲各种建筑的比例、纹饰与构成，关心局部与整体的协调与统一，很有创意地运用它们来表达新时代的创作思想，这个时期的柱式与古罗马时期的柱式相比较已有了很大的区别。这个时期的柱式是按数据规范来执行的，形式比较完整统一，比例与构图严密，形式完美，但柱式规则被过分地僵化使用，失去了创意与个性。18、19世纪，欧洲建筑界是学院派当道的时期，也是欧洲资本主义的鼎盛时期，修建了大量古典风格的建筑并一直保留至今，这些建筑都属于这一风格的作品，至今还有模仿古希腊时代的作品存在（见彩插13~36）。

（4）19到20世纪，欧洲及世界各地出现了风格混杂的折中主义建筑，它们是以欧洲古典柱式及建筑为母题，生硬地嫁接上埃及、伊斯兰国家、印度、中国、东南亚的民族形式建筑，或采用其建筑的上部或屋顶，或照搬这类建筑的彩绘、部件或纹饰，形成品位不高、商业性强的折中主义建筑，但其中也不乏一些值得称道的作品，如泰王宫、柬王宫，中国的燕京大学、武汉大学等建筑。我国20世纪50年代也修建过一些这种风格的建筑，有些较好地将民族风格与欧洲古典柱式和建筑结合起来，有些则结合得比较生硬，人们对它们的评价褒贬不一。

（5）18到20世纪初，欧洲、美国经过工业革命，钢铁、玻璃被大量地使用到建筑的营造中，尤其是1868年发现了钢材与混凝土的完美结合物——钢筋混凝土以后，建筑的结构体系有了根本的改变，建筑规模越来越大，数量也越来越多，不可能再像文艺复兴时期那样小家子气地建设。当时人们已经厌倦了文艺复兴后期出现的"巴洛克"与"洛可可"的建筑风格，加上考古工作的显著成绩，人们重新肯定了古代希腊建筑艺术的端庄典雅与古代罗马建筑艺术的宏伟壮观。故在欧洲与美国出现了"古典复兴主义"，建筑师对古典柱式与建筑形式、细部线脚、纹饰加以简化与变通，但无论是平面还是立面上的演变仍然遵循古典柱式与建筑的规则，并与当时的使用结合起来。由于在结构设计上已大量采用钢筋混凝土与砖石的混合结构体系，在很多具体使用柱式的规则上有了很多突破。当时的"古典复兴主义"是由巴黎美术学院领衔的，故也称为学院派风格。有人把"古典复兴主义"称为"新古典主义"，至今留存的比较有名的建筑如美国的国会大厦、白宫，德国的柏林宫廷剧院，法国的巴黎万神庙、凯旋门，我国上海外滩在 20 世纪 20 年代也有这种风格的建筑。

（6）19 世纪及 20 世纪初，欧洲涌现出塞尚、莫奈、梵高及毕加索等一批现代艺术大师，现代艺术逐渐登上了历史舞台，他们的新艺术观令人耳目一新，冲击着人们的视觉与听觉，人们的艺术观也随之改变。公元 1914—1919 年，发生第一次世界大战，欧洲大量建筑毁于战火，欧洲急需重建。在德国，产生了以现代艺术派与工业工艺派结合的包豪斯学派，他们完全抛弃了传统古典柱式与建筑的规则，以崭新的建筑思想登上了世界的建筑设计舞台，人们称之为"新建筑运动"，其建筑风格被称为"现代主义风格"。他们重视建筑的实用性，采用现代的建筑材料；重视平面与立面的现代构成与空间架构，拒绝古典建筑与柱式的构成规则，从外貌与内在上都与新古典主义相差甚远。在第二次世界大战以前，以德国的格罗皮乌斯、密斯·凡·德·罗，法国的勒·柯布西耶为代表的"理性主义"以及美国的赖特为代表的"有机建筑"引领"新建筑运动"的思潮。

（7）在第一次世界大战与第二次世界大战之间，在巴黎举行的国际装饰艺术与现代工业博览会，在新的艺术思潮的基础上形成了装饰艺术派，后又称摩登装饰艺术风格（20 世纪 60 年代后以 ArtDeco 为专用名）。这种风格除使用在建筑领域外，还使用在家具、服装、工业产品、装饰上。它们将时尚与传统结合起来，接受功能主义又不排斥装饰；借鉴历史风格中的各种元素并将其作为艺术创作的题材，通过对历史样式进行变形、重组、几何化而成为时髦样式。在建筑设计中，仍沿用基座、主体、顶部纵三段的处理方式及横三段的体形组成，延续了"古典复兴主义"（新古典主义）建筑宏伟与庄严的特点。拱券、柱式、雕塑、图案在立面上的变形与运用，无不体现了古典建筑与柱式文脉的延续，由于进行了变形重组、几何化，它们又是现代的、时尚的。在 20 世纪 20 到 30 年代，ArtDeco 风格很快风靡欧洲、美国甚至全球。ArtDeco 风格也深深地影响了我国的上海及其他沿海地区，在这些地区兴建了大量的 ArtDeco 风格的建筑，称为摩登建筑或海派建筑。这种风格也成了当地人喜闻乐见的形式。由于

ArtDeco 风格主要是外表的装饰现代艺术化及装饰风格的改变，其骨子里缺少"现代主义"建筑的东西，也未触及到工业时代的本质，因此第二次世界大战前就衰落了。到了 20 世纪 60 年代，由于对"现代主义"形成的国际式建筑的厌倦与不满意，人们想起ArtDeco 风格的包容性与创新的优点，又对它重视起来，并对这种风格采用了 ArtDeco的专用名。20 世纪 60 年代以后，在建筑领域仍将传统的古典柱式与建筑风格作为创作的母题，与"现代主义"建筑的功能和结构的先进性结合起来，以现代的建筑材料来接续与传承欧洲古典柱式及建筑的文脉（见彩插 42~44）。

（8）第二次世界大战以后，由于工业的蓬勃发展，世界建筑业也迎来发展最快的时期，在这个时期，"现代主义"风格的建筑成为世界建筑的主体。"现代主义"建筑符合社会的需要，有其显著的经济性及合理性，但人们并不满足于这种缺少传统、民族、地域特征的国际式建筑。20 世纪五六十年代，美国的约翰逊、斯东及雅马萨奇等年轻建筑师致力于运用传统的美学法则将现代的材料与结构运用到设计中，使其产生规整、端庄与典雅的庄严感。他们的作品使人联想到古典复兴主义及古典建筑形式，这种风格被称为"典雅主义"，少数人称之为"新古典主义"。还有一部分大师如美国的哈特曼和考克斯在作品中更多地使用了现代材料（各种现代金属、玻璃、塑料等）及新的构成原则来演绎具有古典建筑构图特征的建筑，完成对"古典柱式及建筑"文脉的接续与传承（见彩插 36~41）。他们的作品有人认为是"古典复兴主义"风格，也有人认为是"典雅主义"风格，争论不一。我想"文脉"的接续不是一种简单的嫁接，历史表明，美的观念与认识是随着思想和技术的进步而改变的，传统是历史的遗留，是骨子里的东西，但文脉的接续与传承却要随着时代的进步而不断变化，是既有继承又有创新的过程。关于这个问题，我想通过本书第五章的两个实例进一步加以说明。

第二章

古希腊柱式的简介

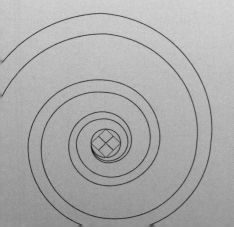

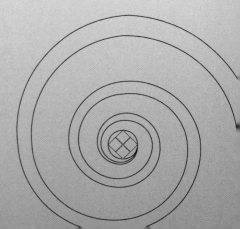

一、概述

古希腊文明是人类最重要的文明之一，是西方欧美各国文明的发源地。希腊地处地中海边，航海便利，更易接受古埃及文明、两河流域文明及古波斯文明，并在此基础上形成了古希腊文明。古希腊的宗教早于耶稣教、伊斯兰教，是以宙斯为主神的多神教。古希腊建立了哲学、科学、文化、艺术皆比较发达的人文社会。

古希腊的宗教概念反映在神庙的建筑中，神庙是神居住的地方，也是人类精神的避难所。古希腊的神庙尺寸比较小，故更易对整体进行建造以及对细部细节进行艺术处理，保证装饰的完整性。古希腊工匠对建筑材料性能的了解与熟悉，对建筑比例与尺度的掌握以及对光线与透视效果的使用均有独到之处。古希腊时期的柱式一直处于创造、发展的上升阶段，故无完整的规则。当时线脚装饰还不能采用圆规画出，带有手工操作的任意性与不规范性。一部分柱式的上部柱身、柱头底部是十分完整的，而下部却没有柱础，更没有基座，而是将柱子立于台基上（见彩插3、5、6）。

二、几种柱式的起源

古希腊柱式是在古希腊的两个主要民族陶立安族与爱奥尼族相互学习与影响下创造出来的，是两个民族代表性的创造产物。而科林斯柱式并非由一个独立的种族创造，它是科林斯城的人在爱奥尼人创造的爱奥尼柱式的基础上创造出来的，可称为爱奥尼柱式的变种。除此之外，古希腊工匠还创造了一种人身像来做支撑底部的柱子，称为卡立阿基达（女形）和阿特兰特（男形）（见彩插7及图2-1~2-3）。

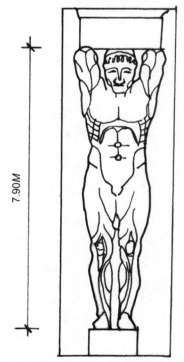

7.90M

图2-1 奥林匹克席夫沙神庙的阿特兰特

图 2-2 庞贝古浴室中的第拉蒙（左）与庞贝小戏院中的第拉蒙（右）

图 2-3 彼得堡埃尔米塔日大厦的阿特兰特

　　希腊帕提农神庙的建筑平面是一个窄的长方形，周边陶立安柱子围绕，这些柱子支撑着一个共同的顶部，整个建筑物上覆以一个两坡屋顶，两坡屋顶的两端在神庙的窄面上形成了两个三角形山墙。神庙坐落在一个逐级扩大的台子上，台子为神庙的基部，上面为平台，在它的上面建造着殿堂的墙和柱子，台阶仿佛把神庙提到了尘世之上，给庙宇以壮丽和庄严之感（见彩插3）。

　　陶立安柱通常没有柱础，直接立在阶座平台上，小型的陶立安柱可由一块整石凿成，而大型石柱则由多个石鼓叠加而成，石鼓与石鼓之间用木销连接起来，销子放于两个相邻石鼓之间。柱子的特点在于其厚重与急递的收分，它的高度开始不超过5个柱径，后来演变为6~8个柱径，以突出简朴与男人粗犷的性格。柱子常饰有凹槽，柱头的下面部分为柱头颈，柱头上部为方形柱顶垫石，称为普林特，它直接承受由上面的额枋传来的檐部重量。额枋之上为檐壁，檐壁由"三垄板"与"檐间壁"组成，制作完美（见彩插3及图2-4）。

　　爱奥尼柱子的基本特点是比较匀称，有完整的柱础与柱头，柱身也饰有凹槽，凹槽之间有一个很窄的距离，称为夹条，夹条上下近柱头与柱础处以半圆环作为结束。爱奥尼柱又可分为小亚细亚风格（如小亚细亚普里耶神庙）和阿蒂克风格（如雅典的伊瑞克提翁神庙）。爱奥尼柱子独有特点的是带有涡卷的柱头，在阿蒂克风格柱式上得到了丰富的发展。柱头上是装饰着混枭线脚的方形柱顶垫石。爱奥尼柱檐部由额枋、檐壁和檐口三部分组成，下有柱础，较陶立安柱秀美，富有女性特点（见彩插6以及图2-5和图2-6）。

　　科林斯柱式不是一种独立的建筑体系，它是爱奥尼柱式的变体，比爱奥尼柱更纤细，柱高达柱径的10倍，柱身刻有与爱奥尼柱相同的凹槽，柱础采用阿蒂克风格或小亚细亚风格，柱头与爱奥尼柱有类似之处，但从四面看是一样的，形似一个插花的杯子。柱顶垫石是一块四边形石板，四个边向内弯曲成弧形，四个角被稍稍削掉，柱顶垫石四个弧线边的中部饰以玫瑰花形装饰块。底部构成同爱奥尼柱，科林斯柱式后来传入罗马后，底部又有了独立发展，科林斯柱较爱奥尼柱更纤细、更女性化（见彩插5和图2-7）。

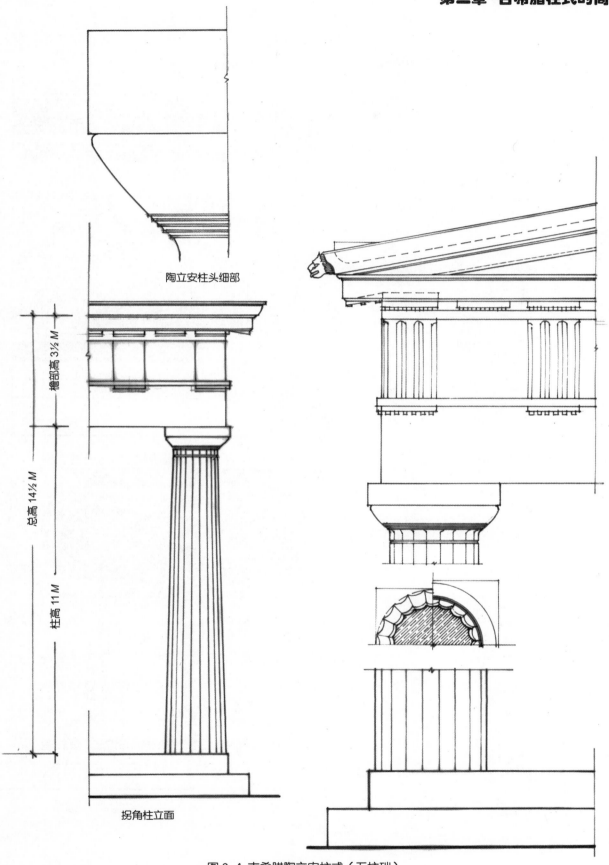

陶立安柱头细部

檐部高 3½ M

总高 14½ M

柱高 11 M

拐角柱立面

图 2-4 古希腊陶立安柱式（无柱础）

檐部高 4 M

总高 21½ M

柱高 17½ M

拐角柱立面

图 2-5 古希腊爱奥尼柱式（阿蒂克柱础）

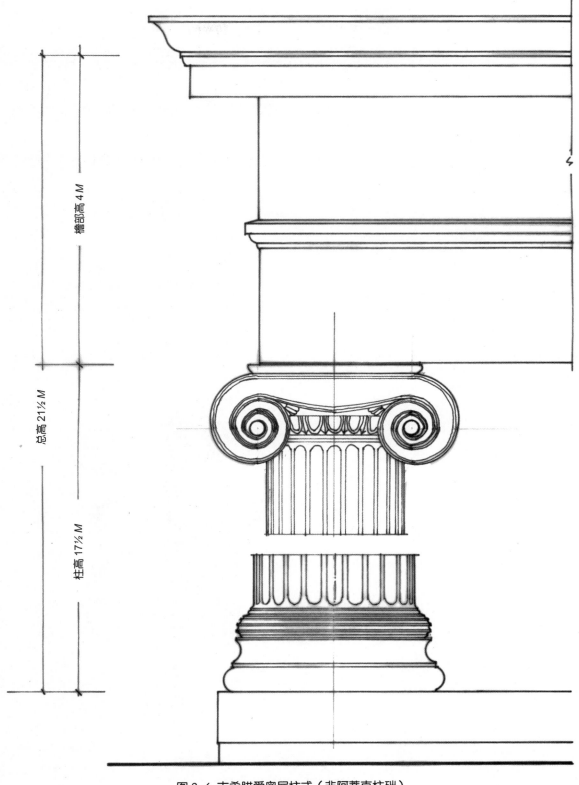

图 2-6 古希腊爱奥尼柱式（非阿蒂克柱础）

檐部高 5 M

总高 27 M

柱高 22 M

拐角柱立面

图 2-7 古希腊科林斯柱式

三、卡立阿基达与阿特兰特

古希腊时期的工匠创造了用人像代替柱子的做法,资料显示此方法在德尔菲的僧侣宝库中使用过,后来又在雅典的伊瑞克提翁神庙中使用了穿着长衫的称之为"卡立阿基达"的石柱女雕像。六个年轻美丽、丰满娴雅的秀气姑娘,头发梳理得十分精致,发卷、辫子垂于双肩,头上顶着花篮式的柱头,轻盈地支撑着建筑的檐部(见彩插7)。在阿克拉冈达的奥林匹克席夫沙神庙的废墟中找到了更大的直立男性石柱雕像,称为"阿特兰特"(古希腊语)。为了支撑沉重的檐部与屋顶,"阿特兰特"肌肉张紧,双手上举,后来在罗马时期也出现过类似的男性石柱(见图2-1)。在这个时期,庞贝也出现过称为第拉蒙(罗马语)的站立与下跪的人体石柱雕像(见图2-2)。近代,在彼得堡也出现过模仿的"阿特兰特"(见图2-3和图2-8),它们是柱子但并不是柱式。

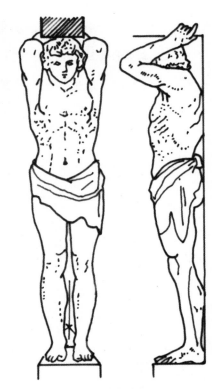

图 2-8 彼得堡的埃尔米塔日大厦的阿特兰特

四、古希腊柱式是翻过去的一页

在这个时期,柱式属于承重构件,柱式的开间、柱径都受到结构的限制,故当时以柱式支撑的建筑其平面与立面都十分简单。当时的柱式也未定型化,任意性比较大,规则很难制定。在它们传入古罗马后的几百年,随着罗马帝国的扩大与强盛、中东拱券技术的传入、火山灰水泥的使用,柱式逐渐由承重构件变成装饰构件,故受到承重功能限制的条件减少,各种柱式在不断的使用中逐渐被系统化、完善化、定型化。在文艺复兴时期，维尼奥拉、帕拉第奥、斯卡莫齐等人以古罗马柱式为研究与论述的对象，制定了一系列规则，使其成为欧洲古典建筑的创作源泉，故本书只把罗马柱式的规则详细地介绍给大家，使有则可依。而古希腊的古典柱式则可以看成是影响欧洲古典建筑艺术发展最辉煌的一页。

第三章

罗马柱式

公元前3世纪，马其顿亚历山大大帝占领了希腊各城邦，希腊人由海上逃到了意大利，同时将哲学、科学、文化艺术、建筑术也带到了意大利。公元前2世纪到公元475年的几百年间，形成了强大的罗马帝国，因此要大量兴建宫殿、庙宇、斗兽场、大浴室等大型建筑。由于水泥的使用及拱券技术的传入，柱式由单一的承重构件转变成承重与装饰结合的构件，甚至变为纯粹的装饰构件。罗马人在建筑艺术及体系上传承与发展了希腊柱式，将其系统化、完整化为罗马柱式。1000年以后，文艺复兴晚期，几乎处于同一时代的建筑大师维尼奥拉、帕拉第奥、斯卡莫齐等在大量测绘古罗马时期的建筑遗迹的基础上将罗马柱式定型化与数字化，各自对柱式提出了一套自己的规则（或称为法则）并予以推行，各规则之间互有异同、各成体系。《古典建筑形式》一书的作者伊·布·米哈洛弗斯基则沿用了维尼奥拉规则的柱式体系的各种柱式、细部线脚与装饰。在平时的阅读中如果发现同一罗马柱式的表达不一致时不要诧异，那是因为有三位大师对罗马柱式提出了不完全相同的柱式规则。在工程设计中，最好选择一位大师的一种规则体系，切勿混搭。

一、柱式的组成与相对比例

（一）比例

罗马柱式由柱子、檐部与基座三部分组成，其主要的部分是柱子，放在柱子上的部分叫作檐部，放在柱子下的部分叫作基座。三者都具有的柱式称为完整柱式，缺少下部基座的柱式称为不完整柱式。柱子高度与檐部高度之间的关系不是任意的。维尼奥拉根据多个实例总结出这种柱式具有典型又最简单的关系，它被认为是一种必须执行的规则，而后被建筑界广泛地尊崇与使用。根据维尼奥拉规则，檐部高度应为柱高的1/4，可将不完整柱式（檐部加柱子）5等分，檐部占总高度的1/5，而柱子的高度占总高度的4/5（见图3-1）。完整柱式可等分为19个部分，檐部高度为3/19，柱高为

12/19，基座为总高的 4/19（见图 3-2）。
不管哪种柱式，无论它们是粗壮的或秀气
的，都应遵循此比例原则。它们产生粗壮
或秀气的不同感觉变化，只是由于它们的
柱径发生了变化，随之母度发生改变，引
起各部分数值发生变化而已，但其总的高
度比例并未发生改变。在这里要强调的是，
在罗马柱式规则中，完整柱式中的基座部
分高度是可以随着建筑师的设计需要而改变
及调整的，不完整柱式高度的比例是恒定
的。

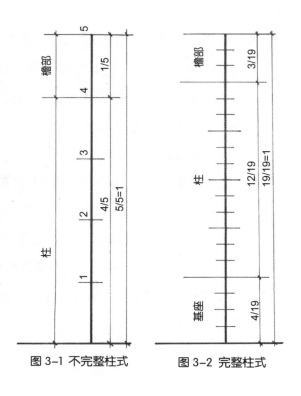

图 3-1 不完整柱式　　图 3-2 完整柱式

（二）柱身的收分处理

　　柱子的收分是将柱子由下至上的直径逐渐变化，形成一条曲线，使其富有弹性变化。
为什么要采取如此措施有两种看法。一种认为最早的柱子来源于树干，树干本身就是
由下而上逐渐变细的，虽然后来已不使用树干作为柱子了，而是采用石材，但是这种
习惯的审美观点仍被沿用下来，"由下往上变细"成了一种潜规则。另一种看法是，
如果一根圆柱上下一样粗，就会引起我们在视觉上产生误差，认为柱子上粗下细。故
为了维持视觉的习惯与纠正视觉上的误差，柱子必须进行收分处理。在古希腊与罗马
的柱式中，柱子收分后，上部直径为下部直径的 4/5 到 5/6。按规则，柱子的收分点是
从柱高的 1/3 处开始的，收分的绘图方法有两种。

　　第一种方法（见图 3-3）：MN 为柱子的中心轴线，MA 是柱子下端的半径（L），
NG 是柱子的上端半径（$5L/6$），O 为柱高 1/3 处的收分起始点，将 ON 划分为等距离
的 4 个线段或更多个线段（当柱子实际尺寸较高时宜划分为更多个线段），在线段起点

作横向平行线。以 O 点为圆心、OB 为半径（L）作弧，柱上端半径 NG 为 OB 处柱径的 5/6，从 G 点向下作垂直线交弧线于 F 点，将 BF 弧线划分为等距离的 4 段或更多段（与 ON 线段上的等距离弧线段数量相等）。在弧线各划分点上作 GF 的平行线，与各横向平行线相交于 C、D、E 点。用曲线连接 G、C、D、E、B 点就得出了柱子的收分曲线。

第二种方法（见图 3-4）：MN 为柱子的中心轴线，MA 为柱子下端的半径，长为 L，NG 为柱子上端的半径，长为 L 的 5/6。在 A 点处向上作垂线，定柱高 1/3 处为 B 点，在 B 点处作 AM 的平行线。以 G 点为圆心、L 为半径作弧，与 MN 线段相交于 K，连接 GK 并延长，与 B 点横向平行线相交于 O 点。将 BO 与 MN 线段的相交点定为 F，将 FN 线段划分成相同长度的 4 个或多个线段，等分点定为 E、D、C 点，连接 OE、OD、OC 并延长，各延长线皆取长度为 L 的线段，用曲线段将各点连接起来，就得出了柱子的收分曲线。

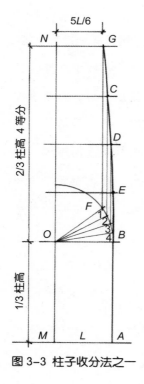

图 3-3 柱子收分法之一

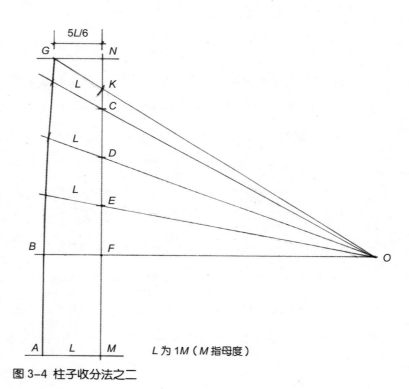

图 3-4 柱子收分法之二

（三）柱子的组成

一根完整的柱子是由三个部分组成的，中间为主要部分，叫作柱身，柱子的下端微扩大的部分叫作柱础，上端的扩大部分叫作柱头。柱式不同，其配套的柱身、柱头与柱础也不同。罗马柱式中，塔司干、陶立安、爱奥尼、科林斯皆有自己配套的柱身、柱头与柱础，只有在古希腊的建筑中才可以找到一种陶立安柱子是没有柱础而直接立于台基上的。

所有的柱础都是圆形的，并逐渐地以环形向下扩大，所有柱础的最下面部分都是以一块正方形石板作为结束的，它是柱础的基底，叫作普林特，在使用不完整柱式时就是以它来作为柱础结束构件的。没有普林特的不完整柱式是极少见的，很显然普林特给予柱子一种十分稳定的感觉。

所有柱子到上面一定是以柱头作为结束的，各种柱式柱子的柱头都有其自身的特点，其个性远比柱础强烈。它们的最上部都有一块方形的石板，方形石板上有线脚与装饰花纹，这块石板叫作柱顶垫石，垫石的下部要收成圆形，以便与柱头有机地结合起来，有些柱式的柱顶垫石装饰得十分华丽。

柱础的普林特与柱头的柱顶垫石都是将圆形的柱子转换为方形的必要构件。

（四）檐部

檐部由额枋、檐壁及檐口三个部分组成。由檐部与列柱组成的系统称为梁柱系统。用楔形的块状石材做成发券，将檐部放在其上的称为拱券系统。古希腊时代人们还不会制作发券，故只有梁柱系统，到了古罗马时代，由中东引进了发券技术后才产生了拱券系统。

（1）梁柱系统是以柱子作为支撑，上部放上断面较大的整条石（额枋），再在额枋上放上小尺寸的石材作为檐壁，檐壁之上放置有挑出的檐口。由于古希腊时期都为手工劳动，只有一些简单的机械，额枋的尺寸受到了极大的限制，故柱距也不可能太宽，当时建筑的规模只能是中小型的。

（2）拱券系统是在古罗马时期由中东引入了拱券建造技术后结合柱式发展起来的。在随后的大规模建造中，使用了火山灰水泥，火山灰水泥不仅可以拌成砌筑用的水泥砂浆将石材结合起来，而且可以与砂、石块做成混凝土修建跨度很大的拱顶。古罗马帝国处于强盛时期期间，用拱券系统修建了一批大型的斗兽场、庙宇、宫殿、浴室等建筑。在这种系统中，拱券成为受力构件，柱式逐渐转换成装饰构件，柱子的间距不再受额枋石材的长度影响，而是由拱券结构来决定，故柱式的实际使用尺寸扩大了很多，可以用在很多规模宏大的建筑上。

（五）基座

古罗马时期，柱式的基座由座身、座檐及座基三部分组成。座身是一个正六面体，上端微微扩大部分称为座檐，下端扩大部分称为座基。基座上安放柱子，柱子可以是一根，也可以是两根（双柱）及多根（群柱），不管单柱还是双柱或群柱，每根柱子都各有自己的柱础及柱础垫石（普林特），但基座只有一个，共同所有。

二、柱式各组成部分的上部扩大与下部扩大

柱顶的上部为柱顶石，柱顶石之上为额枋、檐壁及檐口。檐口是向外挑出的，它使屋顶的泥土及灰尘，在下小雨往下流淌时不会直接顺柱流淌以至污染了檐壁、额枋、柱身或墙面。檐口除向外挑出外，其下部分还设有滴水槽，故又将檐口石称为"泪石"。为了使泪石保持出挑的稳定，在其下做了一个斜形的扩大支撑部分，使泪石从墙面可以做出较大的挑出。檐口部分是由斜形的支撑部分和挑出的泪石部分组合而成的。各种柱式的檐部各不相同，泪石与支撑部分的比例也不一致。从希腊时期开始，屋面即是由薄的大理石或者花岗石板来覆盖的，上面一排的石板压在下面一排的石板上，为

了集水，在泪石上部做了一个向上翘起的斜沟沿，在斜沟沿的上翘边沿上开了一系列的小洞，使屋面上的雨水从这些小洞中直接流出去。为了进一步取得装饰效果，将小洞处做成一个个狮子头，而小洞就成了狮子头张开的嘴，整个部分被称作斜沟沿。罗马时期，基本上以此作为模式发展改进，一直到文艺复兴时期，才将斜沟沿做成铸铁构件，并上移至屋面石板下方。檐口上面也为石材，称作"冠戴"。所以本书表达的罗马柱式的檐口部分是由支撑部分、挑出部分（泪石）及冠戴部分组成的（见图3-5）。

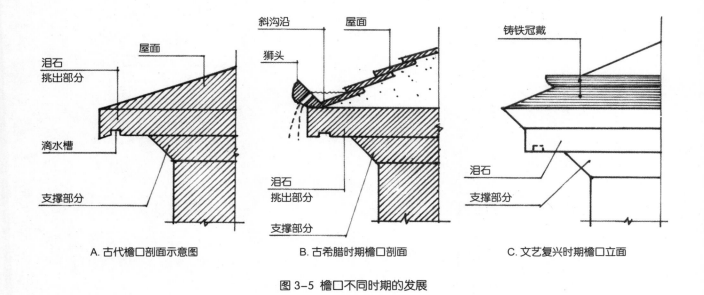

图3-5 檐口不同时期的发展

柱子以下是基座，基座也是向下扩大的，显示出柱子的稳定性与下部承受体的坚固性。基座的扩大是为了使上部荷载通过柱子传到基座后的承压面加大，从而减小其压强，以使地基能够承受。

"勿挑出原则"是以石材为柱式的结构受力的普遍规则，它使石材结构的受力更加合理，也是表露石材特性的关键。其要点有三。

（1）额枋正立面或转角柱的侧立面外皮线应与柱顶半径一致。

（2）基座壁外皮线应与柱础线同宽。

（3）檐口的挑出部分、柱顶的挑出部分、基座的挑出部分上不应有施加任何荷载的感觉（以上见图 3-6）。

在设计各种柱式时必须遵守这些向上扩大与向下扩大的原则。

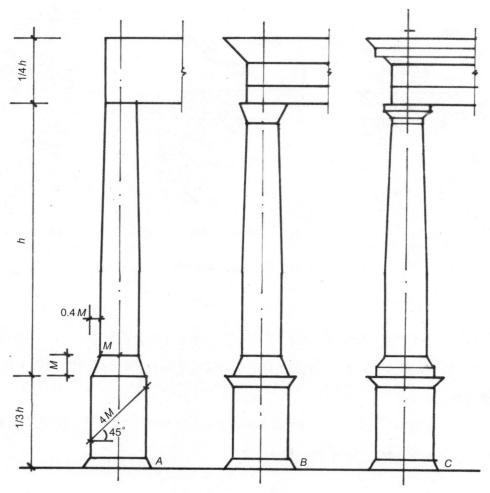

图 3-6 柱式构成的程序

为什么柱头要向外挑出呢？有两种看法。第一种认为石头柱最早来源于木结构的梁柱体系，在柱顶上安放柱头扩大了承受面，这样就减小了额枋的力矩，所以木结构柱与木梁之间往往要加设一块不大的替木。第二种认为是美学上的需要，因为石材柱式的额枋与柱顶的直径相同，这样在额枋的拐角处，额枋底部就会有一部分落空，如果柱顶不设柱头与柱顶垫石，柱子不像是在承受额枋的重量，反而像插入了额枋似的。有了柱头与柱顶垫石就完全改变了这种感觉，柱子就像升高与张开的大力士之手掌将上部的重量牢牢地支撑住（见图3-7）。额枋条石在柱顶上的安装见图3-8。

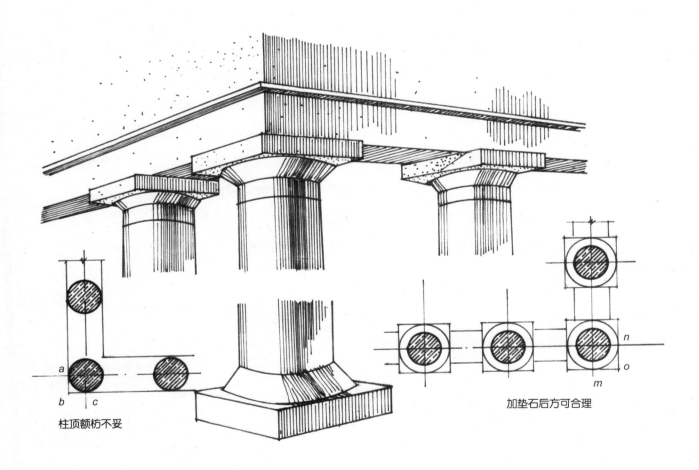

柱顶额枋不妥

加垫石后方可合理

图 3-7 额枋和柱头的挑出

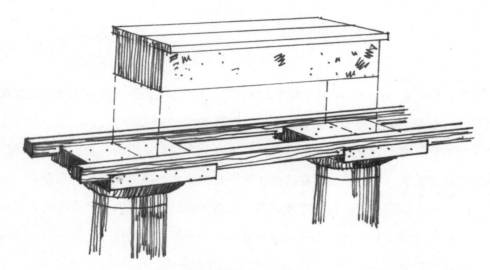

图 3-8 额枋条石的安装

三、罗马柱式的大形体描绘

古罗马时期的柱式除了从古希腊传入的陶立安、爱奥尼、科林斯柱式外，古罗马本土还有一种由罗马人早先创造的塔司干柱式。至于这个时期在爱奥尼与科林斯柱式的基础上派生出来的复合柱式，虽然在古罗马时期及以后的文艺复兴时期使用不少，也是维尼奥拉大师的论述对象，但其总体比例与尺度以及细部的特点与爱奥尼与科林斯等柱式并无多大差异，再创造部分并不多，故在《古典建筑形式》一书中，作者在大形体描绘中及以后对各种柱式的详细叙述与描绘中未做详细的分析。对于塔司干、陶立安、爱奥尼和科林斯等柱式，最好先研究它们的比例、尺寸及一般特点，如果采用大形体这种方法就能更容易掌握它们的特点了。然后在后面的篇章中再一一去研究它们的构成、细部、线脚与装饰。檐口、柱头、柱础的大形体描绘见图 3-9~ 图 3-11。

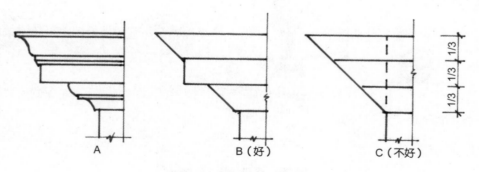

图 3-9 檐口的大形体描绘

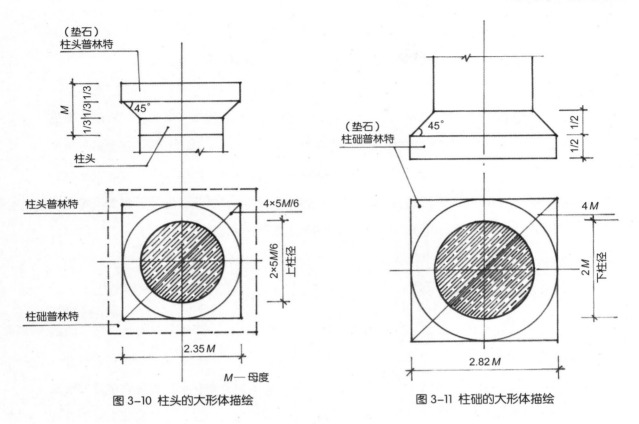

图 3-10 柱头的大形体描绘　　　　图 3-11 柱础的大形体描绘

　　大形体描绘方法是研究柱式的相对比例、各组成部分，而不拘泥于细节的最好方法，它将各种柱式的外形采用曲线和直线来描绘，用立面图与平面图来表达。正如我们从很远的地方观看这些柱式一样，我们已看不到它们微小的细部，曲线也不明显了，只留下线段的印象，所以描绘曲线时我们可以采用直线来表达，故也把这种方法称为简单形体描绘法，如同绘画中的外形轮廓线。

　　在描绘的过程中，垂直线与水平线仍然采用直线，而曲线部分采用斜线来表达，这种方法可以对外轮廓线进行相当多的简化，又不失其原有的特征，是大形体描绘的精髓。

　　本书最后附图部分的附图 1（p178）是柱径相同时四种不同柱式的大形体描绘的立面图。

　　附图 2（p180）是画得很精致的四种柱式的详细描绘，图是按照柱径相同、高度不同的柱式排列的，其排列顺序为塔司干、陶立安、爱奥尼及科林斯柱式。

　　柱式的高、宽不采用绝对尺寸来表达，而是采用相对尺寸来表达。从古希腊开始就以柱身中间部分柱的半径作为 1 个母度，来度量各部分的尺寸。文艺复兴时期，维尼奥拉等人将柱身下部 1/3 高处的柱断面的半径作为 1 个母度，作为柱式各部分的量度单位，至今我们仍遵守这个规则。这样采用各种柱式自己的母度就可以准确地表达出各种柱式的相对准确比例及尺寸，这与中国古建筑营造法中以斗口作为母度来决定各种木结构构件的高、宽以及开间的尺寸有异曲同工之妙。

（一）母度与分度

当柱高相同时，塔司干柱式的母度最大，陶立安次之，爱奥尼再次之，最小的是科林斯。由于塔司干和陶立安柱式没有太碎的细部装饰，维尼奥拉将这两种柱式的 1 个母度划分为 12 个分度来描绘它们的细部。由于爱奥尼与科林斯柱式有很多碎的细部装饰，维尼奥拉就将它们的 1 个母度分为 18 个分度来描绘其细部。在实际工程中，只采用母度，少量使用一些分度也可将各种柱式的细部表达清楚。

（二）柱子

柱子由柱础、柱身与柱头三个部分组成。

1. 柱身

塔司干柱式的柱身高度为 14 个母度，陶立安柱式的柱身高度为 16 个母度，爱奥尼柱式的柱身高度为 18 个母度，而科林斯柱式的柱身高度为 20 个母度。塔司干与陶立安柱式的柱身粗壮，富有男性特征，而爱奥尼与科林斯柱式的柱身较纤细，富有女性特征，尤其是科林斯，不仅纤细，上部还有饰以涡卷与毛茛叶花饰的柱头，有复杂的檐部装饰以及大量的细部雕刻，这些使柱式具有极其华丽秀美的感觉。我们这里所指的柱身高度是檐部以下、基座以上，包括上部柱顶垫石与下部柱础垫石（普林特）的整个高度。

2. 柱础

　　柱础在柱身的下部，所有柱式柱础的高度为 1 个母度，柱础向下扩大，柱础下的普林特（方石板）为正方形。其对角线为 4 个母度，柱础扩大处的最大圆形直径为 2 个母度，故普林特的边长每边应是 $2\sqrt{2}$ 母度。柱础由线脚与普林特构成（见图 3-11）。

　　塔司干与陶立安柱式中的柱础过渡线脚不复杂，它与方形的普林特各占柱础高度的一半。

　　爱奥尼与科林斯柱式的柱础过渡线脚比较复杂，其高度占柱础高度的 2/3，而普林特仅占柱础高度的 1/3。在大形体描绘中，柱础的过渡线脚可以用斜线来表达。

3. 不同柱式的柱头

　　塔司干与陶立安柱式的柱头高度为 1 个母度，均可分为 3 个等高部分，最上面的方形石板称为柱顶垫石，中间部分为圆弧线脚，横断面为 1/4 圆，在大形体描绘中可以简化为斜线，中间部分也可称作"爱欣"。"爱欣"的下面为柱头颈，它是柱身的延续部分，用阿斯特加尔线脚将它与柱身分开（见图 3-10）。

　　爱奥尼柱头的特点是螺旋形涡卷，与其他柱式柱头有明显区别，它仍然有方形的柱顶垫石，在方板下为 1/4 圆弧线脚。它没有柱头颈部分，故由柱身到柱顶垫石顶面的高度为 2/3 母度，如按螺旋形涡卷下垂最低处算到柱顶垫石顶面，应为 5/6 母度。

　　科林斯柱头有清晰可见的柱顶垫石，为 1/3 母度高，在柱顶垫石下有最复杂的雕刻装饰，由两层毛茛叶组成。从毛茛叶中间长出 4 个大涡卷，一直顶到柱顶垫石下，其总高度为 2 个母度，故整个柱头为 $2\frac{1}{3}$ 母度高。用大形体描绘时，上为 1/3 母度高垂直线段，下为 2 个母度长斜线段。

（三）基座

　　基座由座檐、座身、座基三部分组成。

　　塔司干、陶立安、爱奥尼柱式的基座座檐与柱础垫石（普林特）直接相连。柱础高度为 1 个母度，座檐高度为 1/2 母度。座檐挑出斜线角度为 30°～45°，使柱础与基座之间有了一个明显的划分。

　　科林斯柱式由于其母度相对于柱高较小，为了加大座檐段的比例高度，就在座身上增加了一道阿斯特加尔小颈线脚。从小颈线脚到座檐顶为 5/6 母度，挑出部分的斜线夹角仍为 30°～45°。

　　当基座座檐及基座采用大形体描绘时，可以将挑出线脚部分描绘为夹角 30°～45°的斜线。

　　在完整柱式中基座的高度按规则应占整个柱式总高度的 4/19。按照柱式规则，各种柱式的柱子与檐部的相对比例尺寸是恒定的、不可改变的，只有基座座身的高矮是可以调整的，可以按照设计者的意图来决定尺寸。

（四）檐部

　　檐部由额枋、檐壁与檐口三个部分组成。

　　塔司干、陶立安柱式的额枋高度各为 1 个母度，随着爱奥尼与科林斯柱式的母度相对于高度变小，爱奥尼柱式的额枋为 $1\frac{1}{4}$ 母度，科林斯柱式的额枋为 $1\frac{1}{2}$ 母度。

　　塔司干柱式的檐口为 $1\frac{1}{3}$ 母度，檐壁为 $1\frac{1}{6}$ 母度，陶立安柱式的檐口与檐壁装饰比较简单，其高度各为 $1\frac{1}{2}$ 母度。爱奥尼柱式的檐口高为 $1\frac{3}{4}$ 母度，檐壁为 $1\frac{1}{2}$ 母度高。科林斯柱式的檐口为 2 个母度高，可分为 3 个等高部分，檐壁为 $1\frac{1}{2}$ 母度高，额枋为 $1\frac{1}{2}$ 母度高。

　　各种柱式檐口的挑出与划分：用大形体来描述檐口时，下部斜线与垂直线的夹角皆为 45°，其挑出长度决定于檐口的高度，描绘中的水平线即为挑出的泪石之底线，泪石之所以称为泪石，是因为它的下面有一道滴水槽，下雨时下滑的雨水沿着滴水槽可以像人的眼泪一样滴下来。根据维尼奥拉制定的罗马柱式规则，檐口由冠戴、挑出、支撑三个部分所组成，无论柱式檐口三个部分的比例如何变化，其 45° 的挑出斜线是不变的，仅有托檐石一类柱式的挑出斜线可以略大于 45° 挑出线。由于檐部装饰的多寡不同，各种柱式的檐口冠戴、泪石及支撑部分所占比例也相应变化（见图 3-12）。

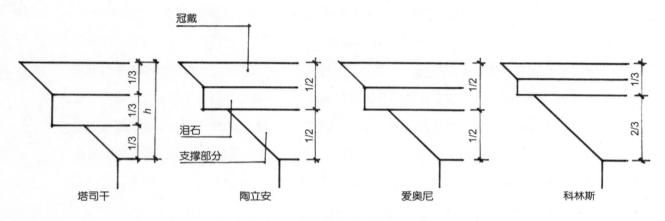

图 3-12 用大形体表示的檐口冠戴

大形体方法是我们较准确地控制各种柱式比例、尺度的基本方法。它能较准确地控制各种柱式的基本比例与特征，不会在设计与制作过程中，因过分注意细节与装饰而忽略其基本比例与尺度。

四、从大形体过渡到细部划分

（一）逐渐深化的大形体

大形体方法只是表示了柱式各部分之间的关系，确定了柱式各个部分大的比例关系。但各种柱式，尤其是檐口的支撑部分是由很多复杂的线脚组成的，只用大形体的斜线来表示（见图 3-12）是很不准确的，故采用更详细的细部比例表示法来表达比较恰当（见图3-13），也更真实与准确，虽然我们仍是采用直线与斜线来表达。在图3-13中，陶立安和爱奥尼的檐口支撑部分比塔司干要复杂一些，而科林斯的檐口部分就更复杂了。我们用水平划分线将各种柱式的檐口的支撑部分划分成等宽的长条：科林斯檐口的支撑部分划分成等宽的4个长条部分，爱奥尼的支撑部分划分成3个等宽的长条部分，陶立安的支撑部分划分成2个等宽的长条部分，而塔司干的支撑部分只有1个长条部分。在图3-13中，斜线部分实际代表着多种线脚的组成，如混枭线脚、阿斯特加尔线脚等，而垂直面实为突出的直线线脚。在简化古典风格时，应采用图3-13更为合理。当采用无托檐石檐口时，其泪石是悬挑部分，其悬挑出的部分应小于后部石板的1/2长度。当采用托檐石（或简称托石）来支托泪石（见图3-14）时，泪石可安放其上，托檐石宽度为1个母度，净挑出比1个母度大一些，托檐石之间的净宽大约是托檐石本身宽度的1.5倍，也就是接近于 $1\frac{1}{2}$ 母度，深入墙内的部分为挑出部分的1.5倍以上。这种用托檐石来支撑泪石板的做法多使用在有托檐石的陶立安与科林斯的檐部支撑部分中。只是科林斯柱式的托檐石的宽度较1个母度小一些，而托檐石之间的净宽大约是托檐石宽度的2倍，托檐石上饰有花纹（见附图18，p198）。笔者查阅了［法］克洛德·佩罗所著的《古典建筑的柱式规则》一书，科林斯柱式的托檐石宽度小于1个母度，托檐石之间的净宽为 $1\frac{1}{2}$ 托檐石宽度左右，比维尼奥拉规定的间距小，设计时这个间距可由设计者根据柱式立面的需要来确定。

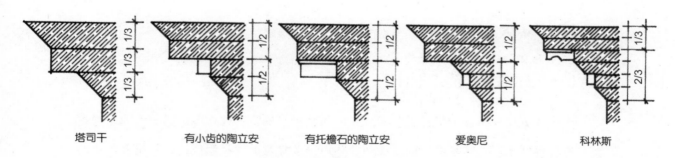

塔司干　　　有小齿的陶立安　　　有托檐石的陶立安　　　爱奥尼　　　科林斯

图3-13 用小体积表示的各种柱式檐口

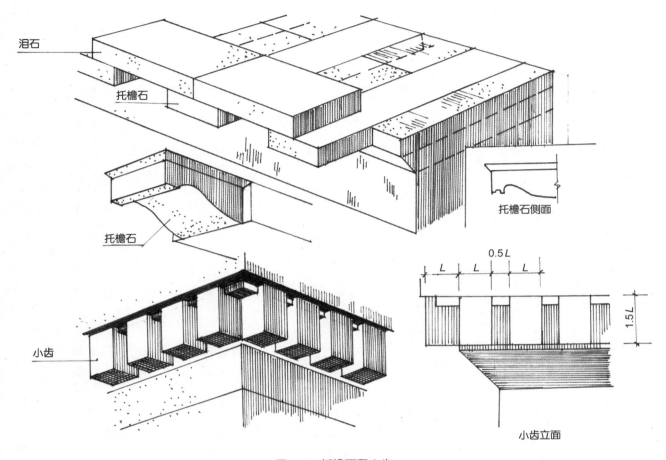

图 3-14 托檐石和小齿

（二）小齿

在檐口的支撑部分中常常可以看到一系列小的平行六面体，用来承受上部的重量，它们之间的距离很近，称为小齿。在有小齿的陶立安柱式中，小齿是放在泪石下的，在爱奥尼与科林斯柱式中，小齿是放在支撑部分的中间垂直线脚上。小齿的宽度为高度的 2/3，小齿间的净宽为小齿宽度的 1/2 左右，小齿的高略小于其依附的直线线脚的高度，小齿的挑出深度也略小于宽度，小齿的上部有一水平薄板，将各齿贯穿起来（见图 3-14）。小齿的设置并非是结构受力的需要，更应看成是木结构建筑物转变为石材柱式及建筑物时留下的特征，是一种美学上的装饰要求。在强有力、突出的泪石下，支撑部分往往处于单调的阴影中，采用小齿后，由于小齿为突出的六面体，在阴影中就产生了亮面、阴面及影区，泪石下就产生了十分丰富的立体色彩（见图3-15和图3-16）。四种罗马柱式的制作者们，都十分注意将美学的关注点放到檐口支撑部分的丰富与发

图 3-15 利基的墓（一）

展上。陶立安柱式的檐口有两种类型，主要是支撑部分不同：在泪石下，一种采用小齿过渡到挑出的泪石，另一种是采用一列挑出的托檐石来支撑泪石。在图3-13中，我们用斜线来表达剖面中的实体部分，而未剖到之处用可见线来表达，可见线表达的正是小齿与托檐石部分。同样在图3-13中，爱奥尼柱式的支撑部分被分为3个等高的部分，3个部分之和

为整个檐口高度的 1/2，小齿处于支撑部分的中间垂直段，上下各为两个斜线段，它们实际上是两段不同的曲线线脚。在图3-13中，科林斯柱式的檐口支撑部分由4个等高的部分组成，4个部分之和为整个檐口高度的2/3，它下面的3个等高部分与爱奥尼柱式的支撑部分类似，由上下两个斜线段（实为曲线线脚）夹一个带小齿的直线线脚，只是在泪石下还增加了安置托檐石的第4个长条部分。

以上是四种柱式的檐口部分在大形体描述后转入较小体块分割，然后再配合各种线脚元素的详细描绘，以便当我们转入本章第六部分"各种柱式的详细叙述与描绘"时，不至于被复杂的具体描绘所混淆，始终保持着对每一种柱式复杂的檐口、支撑部分的准确比例划分的清晰记忆。

五、线脚元素

在本章第六部分前，先对古典柱式的线脚有一个大概的了解，是极其必要的。

希腊工匠与罗马工匠在建造石材柱式时，不断地对其外沿及连接部分进行各种加工，赋予石材性格与丰富的表现力。相同的石材经过不同的加工后形成各种柱式，石头由粗野转变为精美典雅，随着人的意志可以创造出粗壮、富于男人性格的塔司干、

图 3-16 利基的墓（二）

陶立安柱式，也可以是优雅而秀丽、富于女人性格的爱奥尼与科林斯柱式。有了线脚才能使我们在天空的背景上，领会建筑作品动人的外轮廓。石材上的装饰与线脚是不同性质的装饰物，在石材面上或线脚上作各种图案或画面的雕刻可使石材表面更富于装饰性。古典柱式可以没有装饰，但不可缺少线脚。

（一）线脚元素概述

线脚元素（图 3-17）由直线与曲线构成，具有装饰性及细致的表现力，由于有了各种线段与线脚，于是就在空间中表达出建筑作品的外轮廓。弧形线脚的使用不仅增加了建筑的美感、材料的美感，使石材细腻、柔和，同时还解决了石材边角的易脆性问题。

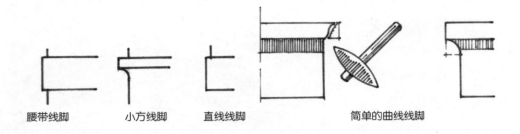

腰带线脚　　　小方线脚　　　直线线脚　　　　　简单的曲线线脚

半圆线脚　　　正和反的 1/4 圆线脚　　　正和反的 1/4 凹圆线脚

复杂的曲线线脚

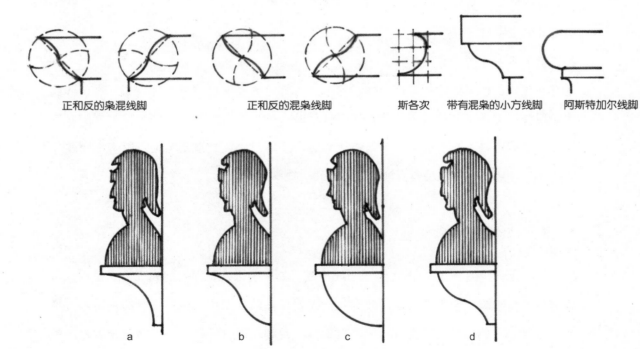

正和反的枭混线脚　　　正和反的混枭线脚　　　斯各次　带有混枭的小方线脚　阿斯特加尔线脚

a　　　　　　b　　　　　　c　　　　　　d

图 3-17 直线和曲线的各种线脚

（二）应用较多的圆形线脚

（1）外形为半圆形的线脚称为半圆线脚，通常使用在柱子的柱础上，当半圆线脚尺寸很小时，称为小圆线脚，它可以使用在柱头颈上（见图 3-17 中的半圆线脚）。

（2）外形为 1/4 圆弧的线脚称为 1/4 圆线脚，它有正、反 1/4 圆线脚之分，如为凹形时称为 1/4 凹圆线脚，可以使用到体部由下而上地扩大，反之也可以使用到体部由下而上地缩小（见图 3-17 中的简单的曲线线脚）。

（3）外形由两个正反圆弧线组成的线脚称为枭混线脚，上凹下凸的弧线用到体部由上大转下小的时候，称之为正枭混线脚，由于其曲线与鹅颈类似，也俗称为鹅颈线，当体部由上小转下大时，就需要使用反枭混线脚。外形仍由两个弧线组成，但上凸下凹的曲线称为混枭线脚，用于体部上大转下小的称为正混枭线脚，反之体部上小转下大的称为反混枭线脚（见图 3-17 中相对应的曲线线脚）。枭混线脚与混枭线脚的弧线圆心点所在虚线圆弧线的位置正好相反，一左一右，请牢记。

（4）在爱奥尼与科林斯柱式中，常采用一段小凹 1/4 圆弧线接另一段大凹 1/4 圆弧线组成的曲线线脚，称为斯各次，用于体部由上小转下大（见图 3-17 中的斯各次）。

（5）由上部大方线脚转下部小方线脚时中间通常使用枭混线脚或混枭线脚来过渡；反之，当上部为小方线脚转下部大方线脚时，通常会使用反枭混线脚或反混枭线脚来过渡。

（6）当半圆线脚与一个 1/4 小圆线脚连接时，中间应采用一个小方线脚来过渡，这种组合称为阿斯特加尔线脚。请熟记这些线脚名称，因为在后面的内容中，我们要经常使用它们。

（7）图 3-17 下面为四种曲线线脚，在大形体描述中我们用一根斜线来示意。当它们为檐口的支撑部分时，上部是有荷重的，但为檐口的冠戴部分时，上部就没有荷重了。a、b 图中两种线脚产生受力不够好的感觉，而 c、d 图中两种线脚产生受力好的感觉，故在四种柱式中，檐口的支撑部分都采用了 c、d 图中的两种曲线形式，而冠戴部分多采用 a、b 图中的两种曲线线脚。

文艺复兴后，陶立安、爱奥尼、科林斯三种柱式的檐口支撑部分都采用了混枭线脚，而冠戴部分采用枭混线脚，只有塔司干柱式例外，其支撑部分虽然采用了混枭线脚，但冠戴部分却采用了凸 1/4 圆弧线。

（8）半圆线脚主要用于柱础部分，灵感来自使用古老木柱时柱础为石材。

（9）冠戴部分与泪石之间，柱身与柱头之间都有很多小线脚将两者联系起来，使它们浑然一体。这些小线脚有由小方线脚与半圆线脚组成的阿斯特加尔线脚，也有由小方线脚与混枭线脚组成的复杂线脚，它们厚度很小，故组成的线脚细密、精致。

（10）枭混线的作法：作平行线段，再作 45° 斜线穿过平行线，以 45° 斜线中点为圆心，斜线与平行线相交的线段为直径画虚线圆。以 45° 线与平行线的两个交点为圆心，以虚线大圆半径为半径画弧相交于虚线大圆周上，以这两个交点为圆心，大圆半径为半径作圆弧，两弧线就构成了枭混曲线。如以反方向的弧线交点为圆心作圆弧，两弧线就构成了混枭曲线。

（11）斯各次曲线作法：在两道平行线上画六个虚线方格，以第一道横虚线与中间垂直虚线交点为圆心画 1/4 小圆弧线，以第一道横虚线与左面垂直虚线交点为圆心向下画大圆弧线与小圆弧线相接，就构成了斯各次曲线。

（12）曲线线脚与直线线脚连接时，曲线线脚的高度宜大于或等于直线线脚高度的两倍，这种组合的合理性在于直线面受光是均匀的，而曲线面受光后由亮面转折到阴影部分和被隐藏部分，形成受光程度各不相同的受光带，这种连接多见于阿斯特加尔线脚（见图 3-17 中阿斯特加尔线脚）。

（三）线脚元素的应用

大形体描述中以斜线表示的线脚可以分成两类：斜线以上有荷重的支撑部分与上部无荷重的支撑部分。在选择曲线线脚时上部有荷重的应选凸 1/4 圆弧线与混枭线脚，而上部无荷重时，可选用凹 1/4 圆弧线或枭混线脚。

（1）泪石、额枋、柱头的柱顶垫石都属于使用整块的石材，现在我们知道了这个道理后，就可以明确地区分多层小线脚组成的过渡线脚中哪些线脚属于上部石材，哪些线脚属于下部石材，将两个部分明确地分开加工。例如位于泪石与冠戴部分之间的多个线脚，带有小方线脚的混枭线脚是属于泪石部分的，各种柱式中柱头下的阿斯特加尔线脚却是属于柱身段的（见附图5（p185）、附图7（p187）、附图10（p190）和附图18（p198））。

（2）所有的柱式中主要的元素与次要的元素相交替，厚的部分与窄的部分相交替，同时直线的元素与曲线的元素相交替，这就是我们观察到的线脚的组合基本规律，形成了一种美的组合。但它们的尺寸应控制在"大形体"的各部分的相对比例尺寸中。在转入细部线脚的设计时，对于大形体设计的尺寸，按照不同的要求可以也应该做局部的调整与修正，使柱式的细部更趋于合理。例如，当泪石的厚度尺寸用大形体法确定后，整个石块还有次要作用，尺寸不大的接续线脚，其高度与泪石主体高度相比可以为泪石整个厚度的1/3甚至是1/4，其组成是一个小方线脚接一个混枭线脚。

（3）线脚的另一种基本规则是不重复使用在形式或尺寸完全相似的部分，例如塔司干及陶立安柱式的柱础是直接放在称为"普林特"的方石板上的，而柱顶也是顶着一块方形的柱顶垫石，按照不重复规则，方板的上外沿就加工成一圈斜面线脚，与柱础的普林特方石板完全不同。

六、各种柱式的详细叙述与描绘

（一）塔司干柱式

塔司干柱式（见附图4和附图5（p184~185））为古罗马人创造，在几种罗马柱式中，塔司干柱式在外形上最为简单，比例粗壮，极富男性特征。

（1）柱子的下部直径为柱子高度的1/7，为2个母度，柱身下部的1/3高为圆柱体，上部收分1/5，即柱径为下部圆柱体直径的4/5，比其他柱式收分更显著一些，收分柱身的画法见图3-3和图3-4。柱身上下两端都是以小方线脚与1/4凹圆弧作为结束，与柱头、柱础相连接。柱础高为1个母度，由两个高度相同的部分组成：上部为一个小方线脚接一个平面为圆形、侧面为半圆形的圆墩，下部为方形的柱础垫石普林特。柱身与柱础的连接处，在柱身下端加了一个1/4凹圆弧线脚与柱础顶上的小方线脚相接，作为柱身的结束，故它也是柱身与柱础的分界线。柱头高仍为1个母度，与柱身的分界线是在柱身上的阿斯特加尔线脚的上面，柱头与上部檐部额枋的分界线是在额枋的底面，柱顶垫石的上表皮处。柱头由三个部分组成：下部为柱头颈，它是柱身的延续部分，高度为1/3母度；中间部分为小方线脚底向上至柱顶垫石的下表面，其侧面为1/4圆线脚，平面为圆形，高度也为1/3母度；上面部分为方形柱顶垫石普林特，高度同样是1/3母度，其侧面为一突出的小方线脚接一个1/4凹圆线脚。柱础由小方线脚、半圆鼓形线脚与方形普林特组成，高为1个母度。

（2）檐部由额枋、檐壁、檐口三个部分组成，额枋为平滑的石条，其高为一个母度，枋顶以一个大的小方线脚及一个1/4凹圆线脚作为结束，符合上面说的整块石材的规则，这个小方线脚与凹圆线脚是整个石块的次要部分，由于有了这个小方线脚才能使额枋与其上面的檐壁有一个明显的分割线，当檐壁下沿有局部损伤时，小方线脚可以将其遮挡住。塔司干的檐壁十分简单，它与檐口支撑部分的连接没有任何接续线脚，只是略微内退一些，其高度为$1\frac{1}{6}$母度。檐口总高为$1\frac{1}{3}$母度，分为3个等份，上面部分称为冠戴，中间部分称为泪石，下面为支撑部分。泪石为檐口最主要的部件，它是整块挑出的石板，它的上部用阿斯特加尔线脚装饰并作为结束，泪石下设有凹槽，为滴水槽，是泪石不可缺少的附属物，滴水槽由靠内的垂直线与靠外的1/4圆弧线组成，在凹槽内面有一微微突出的小方线脚，它的内边是一个很小的1/4圆线脚，与泪石的底板相连，底板的内面则是小方线脚，连接由混枭线脚组成的支撑部分。泪石的支撑部分也就是檐口的支撑部分只是采用了一个混枭线脚，故外形十分简单。冠戴部分采用了1/4圆弧线脚，而其他柱式冠戴部分采用的是枭混线脚，与其他柱式相比，塔司干的檐口冠戴部分显得更粗笨一些。当由下往上看塔司干柱式时形成的图称为仰视图，或称为普拉方（天花）图。

（3）基座由座基、座身及座檐组成。座基的基本形式是一块方形石板，称为"普林特"，其上部由一个小方线脚与混枭线脚组成，其高度为1/2母度。座身为一方形石柱，用1/4凹圆线脚与座基的小方线脚连接，座檐高1/2母度，上部分为一小方线脚，小方线脚下的支撑部分由一混枭线脚组成，与座身垂直面成45°挑出（或小于45°），表现出其受力特征。在完整柱式中，基座部分按规则确定为整个柱式总高的4/19，但在实际的工程中，柱式其他部分的高度都是不可改变的，唯有座身部分的高度可以根据整个建筑对柱式的要求而减少。座身平面尺寸是按照上部柱础垫石尺寸来调整的，有时双柱、四柱共用一个共同的基座。

（4）如果塔司干柱式被用在连续券或券廊中时，那么应在间壁或巨墩下做一个小小的凸出部分，它起着勒脚的作用，这个勒脚形式与座基的普林特的作用是相同的，只是其高度比普林特少了一个小方线脚及小方线脚的高度（见附图4，p184）。而上部券面和拱券垫石有着同样的厚度（为1个母度）和线脚划分，线脚由两个不同的直线部分组成，拱券垫石上部以一个突出的小方线脚作为结束，并将拱券与其垫石分开（见附图4中b，p184），券面垫石的垂直面是以一个1/4凹圆线脚与小方线脚来连接的。如果建造没有基座、比较简化的塔司干券廊，可以将券面垫石简化成高一个母度的微微突出的腰带线脚（见附图4中c，p184）。

一般情况下，按本书的规则可以绘制出塔司干柱式的平、立、剖面图，如果要更精确地标出其加工尺寸，就需要按维尼奥拉的法则，采用将塔司干柱式的一个母度再分为12个分度的方法来详细地标注其尺寸。

（二）陶立安柱式

陶立安柱式（见附图6~ 附图11，p186~191）源于古希腊的一个种族，它虽然具有男性化特征，但比塔司干柱式显得轻巧，富有装饰性，其细部并不过分柔软与细腻。虽然它是由希腊传入的，但在罗马几百年的营建中已本地化，最后分成了两大类。其中一类是在檐部的支撑部分带有小齿，这种陶立安柱式称为"有小齿的陶立安柱式"；另一类没有小齿，是在泪石下面安置了一系列的托檐石，称作"有托檐石的陶立安柱式"。相对于前者，后一种陶立安柱式更简单一些，稍欠雅致。这两种不同的陶立安柱式的区别，主要在于檐部与柱头的造型与花饰不同，但其柱身、柱础、基座的造型是完全一样的（见附图 6，p186），三垄板做法也是一样的（见附图 8，p188）。

1. 有小齿的陶立安柱式

有小齿的陶立安柱式（见附图 7（p187）和附图 10（p190））比塔司干柱式要匀称轻快得多，柱子下端直径为高度的 1/8，为 2 个母度，柱子上端收分为下部柱径的 5/6。柱身下部以柱础为界，柱身上部以阿斯特加尔线脚上皮为结束。柱身收分也是从 1/3 柱高处开始的。柱身可以与塔司干柱式一样为平弧面，也可以饰以 20 个凹槽，有凹槽的柱身的柱面显得更圆，并具有舒适的感觉。由于凹槽的反光衬托，使柱身与其后面的阴暗墙面不会混为一体，而且轮廓更清晰。根据柱子使用的不同环境及柱子使用的不同石材，可以将凹槽加工成不同的深度，凹槽的弧线可借助于 60° 等边三角形或 45° 等腰三角形（见附图 6，p186）。

有小齿的陶立安柱式柱头高为 1 个母度，上部以檐部额枋下皮为界，下部以阿斯特加尔线脚上皮为界，柱头高度为 1 个母度，可以等分成 3 段，由柱头颈、侧面为 1/4 圆线脚的圆形平面中段及方形柱顶垫石三个部分构成。中段 1/4 圆线脚下有 3 个层层相叠的很窄的小方线脚。每一层小方线脚比塔司干柱式在相同位置处的小方线脚要小一半，它们属于柱头的中段部分，中段高度为 1/3 母度。柱顶垫石为方形石块，侧面为垂直线脚，垂直线脚上接一个混枭线脚，支撑着一个突出的小方线脚，作为柱顶垫石的结束，垂直线脚段高度略高于上部的混枭线脚与小方线脚高度之和。

有小齿的陶立安柱础比塔司干略为复杂，柱身下端采用反混枭线脚来与鼓形柱墩上部的小方线脚连接。而小方线脚下为一个 1/4 圆线脚来连接鼓形柱墩，鼓形柱墩及以上线脚的平面皆为圆形，鼓形柱墩直接与一个方形柱础垫石"普林特"相连。柱础的小方线脚、1/4 圆线脚及鼓形柱墩组成其上面部分，高度为 1/2 母度。方形"普林特"组成了柱础的下面部分，高度也为 1/2 母度，故整个柱础的高度为 1 个母度（见附图 6 中①，p186）。

有小齿的陶立安柱式的基座由座基、座身、座檐三部分组成，座檐高 1/2 母度，座檐更具檐口特征，由冠戴、泪石与支撑部分组成，挑出角 45°。支撑部分为一个混枭线脚，泪石为一整块石板，板下有滴水槽，上有一小方线脚与冠戴部分连接，冠戴部分由一个 1/4 圆线脚与其上部的小方线脚组成并作为结束。

座身为一方形石柱，高度可按建筑的总体要求减小，整个基座高度应控制在完整柱式总高的 4/19 或小于 4/19。

座基由座基线脚与勒脚组成，高 5/6 母度，座基线脚总高度为 1/2 母度，由一个反阿斯特加尔线脚连接一个反混枭线脚再连接一个方块石板"普林特"组成。下部勒脚由一块尺寸略大于上面座基线脚的"普林特"方形石板构成，高度为 1/3 母度。

有小齿的陶立安柱式的檐部由额枋、檐壁及檐口三部分组成，额枋高 1 个母度，上部为檐壁，檐壁高度为 $1\frac{1}{2}$ 母度，檐口部分高也为 $1\frac{1}{2}$ 母度。

古希腊时期，工匠们在建造陶立安柱式的檐壁时，在各个柱子轴线处、柱间的正中处以及转角柱子两个面的中轴线处砌筑了饰以浮雕的石板。石板上刻有三个竖槽，故称之为三垄板。在古希腊时期，三垄板是檐口的窄形支柱，三垄板之间是空白或饰以浮雕的石板，称为"垄间壁"，垄间壁是方形或稍宽于方形。三垄板垂直方向的尺寸略长于其宽度，到了古罗马时期，三垄板已不当作支撑结构了，只是一种纯装饰部件。三垄板的位置仍与古希腊时期的三垄板位置相同，只是三垄板变为贴在檐壁上，其上有刻了几道深槽的薄石板，它们只起装饰的作用。附图 8（p188）为三垄板的大样图，其中图①为三垄板的立面图，②为三垄板的平剖面图，③、④、⑤为立面不同地方的侧剖面图，表达出三垄板处檐壁与额枋的关系，额枋顶处方线脚正对三垄板下有 6 个圆锥台或方形锥台（见附图 8 中Ⓐ，p188），称为"加贝"。板上槽的做法见附图 8，（p188）中ⒷⒸ。三垄板宽度为 1 个母度，高为 $1\frac{1}{2}$ 母度，宽与高之比为 2：3，将垄板宽分为 12 等份，板上的平面条为 1/6（2/12）三垄板宽，斜面为 1/12 三垄板宽。三垄板下的额枋上部有一个方线脚，对应于三垄板下的地方放了 6 个加贝，加贝的总宽略小于三垄板的宽度，加贝的位置及尺寸见附图 8（p188）中①。三垄板下额枋的方线脚与额枋上对应于"垄间壁"的方线脚等宽，并连成一体，只是突出长度不一样。在支撑部分的下面，三垄板的上端设有腰带线脚，作为三垄板的结束，三垄板上的腰带线脚与"垄间壁"上的腰带线脚等宽并连成一体，只是由于三垄板处檐壁较"垄间壁"处檐壁更厚一些，故腰带突出长度也多一些。古罗马时期在陶立安柱式的垄间壁上常常雕刻有图画或图案作为装饰。

有小齿的陶立安柱式的檐口部分由支撑、泪石及冠戴部分组成（见附图 7 中①，p187），正如在大形体描绘中指出的那样，陶立安柱式的支撑部分较塔司干柱式更丰富，占的比例更大一些，为 1/2 檐口高度（塔司干柱式仅为 1/3 檐口高）。支撑部分下部由三垄板及垄间壁上方的腰带线脚与一个混枭线脚组成，上面为一垂直线脚，上有一排小齿，小齿的高度小于垂直线脚，其宽度为小齿高度的 2/3，小齿挑出长度与小齿的宽度相等，小齿之间的缝隙宽度约等于 1/2 齿宽，上有一后退的小板，似将小齿串联在一起（见图 3-14）。小齿与直线线脚占整个支撑部分高度的一半。小齿以上为泪石与冠戴部分，这两个部分的高度之和为檐口高度的一半，与支撑部分等高。泪石的立面为一垂直面，上部为一小方线脚与一混枭线脚组成的不大的连接线脚，与冠戴部分相接，冠戴部分由一个小方线脚与 1/4 凹圆线脚组成。当仰视泪石底面时，距离外沿线不远处有一个半圆形的凹槽，它就是滴水槽，然后接一道窄的突起的小方线脚，于是就形成了第二个凹入的平面，凹面占据了整个泪石的挑出面，形成了檐口下的天花（天面）。天花上的凹面被横竖布置在凹面上突起的小方线脚构成的肋分割成多种图案。在一些长方形凹槽图案内采用圆锥台形加贝群装饰，加贝群有 3 排，每排 6 个，其外形与三垄板下的加贝形体一样。其他的图案由突起的方线脚划分成菱形与长方形（见附图 7 中①（p187）和附图 9 中③（p189））。在大形体分析中，可以认为檐口的支撑部分与泪石冠戴部分按 45° 或小于 60° 挑出。

2. 有托檐石的陶立安柱式

有托檐石的陶立安柱式（见附图 10（p190）和附图 11（p191））与带小齿的陶立安柱式的最大不同点在于檐部与柱头的做法与花饰，其余像柱身、柱础及基座都是一样的。

柱头部分中段仍为圆形平面，侧面为 1/4 圆线脚下加阿斯特加尔线脚，它代替了有小齿的陶立安柱头中段下部的三层小方线脚，在柱顶垫石、柱头中段、柱颈三部分上做了浮雕花饰，有别于有小齿的陶立安柱式的柱头。

檐部高度仍为 4 个母度，仍然分为额枋、檐壁及檐口三个部分。额枋高仍为 1 个母度，外形由上大下小的两层条石组成，上层为 2/3 母度，下层为 1/3 母度；檐壁高为 $1\frac{1}{2}$ 母度，与带小齿的陶立安柱式并无两样；但是檐口部分与带小齿的陶立安柱式的檐口有了较大的区别，檐口部分仍由冠戴、泪石与支撑部分组成，其支撑部分仍为檐口总高的 1/2，即为 3/4 母度。支撑部分仍可以分为两个相等的部分，上部不是小齿而是在小齿的高度上安置了托檐石。托檐石的宽度与檐壁上的三垄板同宽，并与下面的三垄板对位，托檐石及垂直线脚带有混枭线脚与上部泪石相接，其挑出长度稍长于 1 个母度，托檐石的挑出长度没有必要用数字来确定，只要按照托檐石底的装饰，用图解法就可以确定出来。托檐石底下仍需做凹形半圆的滴水槽及小方线脚，如同泪石底面，只是托檐石的滴水槽较泪石的滴水槽更后退一些。从小方线脚到支撑部分的垂直线脚应为 1 个母度，这样，在托檐石下就形成了一个长宽各为 1 个母度的正方形天面，在天面上安置了 36 个圆锥台形式的加贝（每排 6 个，共有 6 排）。

托檐石下部的支撑部分，改为一个 1/4 圆线脚接一个小方线脚，再接三垄板上的垂直线脚腰带，其高度仍为支撑部分高度的一半。泪石与冠戴部分高度相等，高度之和为 3/4 母度，泪石上部以一个小方线脚与 1/4 圆线脚与上部冠戴部分连接，冠戴部分由一个小方线脚接一个枭混线脚组成。外露出的泪石底面上，除了滴水线外，还采用了长方形"框边线脚"（由窄线脚做成的小框）分割成的三角形、菱形，并在框内安排了玫瑰形或其他图案的装饰浮雕。在这种处理方式下，虽然泪石底面处于阴暗处，但是由于天花上有了这些浮雕与线脚，因此当它们受到地面及檐壁反光的映射时，就形成了多种多样的光影组合，使檐口天面异常美丽。

3. 与陶立安柱式配套的券面及拱券

与两种陶立安柱式配套的券面（见附图 6 中 ⓐⓑ，p186），其做法及拱券垫石做法是相同的，并无二样。拱券垫石的厚度为 1 个母度。它可以分为 4 个等份，上下各占 1 个等份，中间占 2 个等份。由普通的石头加工而成，上部为一个小方线脚与一个凸 1/4 圆弧线脚组成，下部为一个 1/4 高度的直线线脚，中间部分为一直线线脚上接一个阿斯特加尔线脚。券面高 1 个母度，上部由一个小方线脚接一个凸 1/4 圆线脚接一个混枭线脚，再接两个直线线脚所组成。

下部墙角或巨墩下部采用垂直的勒脚形式突出于墙面，勒脚与墙面连接处采用了一个倒阿斯特加尔线脚将勒脚与墙面连接起来，勒脚高度为 5/6 母度。

（三）爱奥尼柱式

爱奥尼柱式（见附图 12~ 附图 16，p192~196）由古希腊的一个种族所创造，轻巧、典雅，同时富于装饰性与女性色彩。

柱下部 1/3 段直径为 2 个母度，为柱高的 1/9，柱子上端收分为 5/6 下部直径。柱式较前更加精细，为了便于表达细部尺寸，维尼奥拉将 1 个母度划分成 18 个分度。它的柱身上饰以 24 个凹槽，多于陶立安柱身的 20 个凹槽，凹槽在平面上为半圆形，2 个凹槽之间有一小段平段，为半圆形凹槽直径的一半，称之为夹条。半圆槽竖向的上部以半圆弧作为结束，故形成了一个小球弧面，而竖槽的下端以一水平直线作为结束。柱身上端以阿斯特加尔线脚作为结束并连接上部的柱头，柱身下端以一个 1/4 凹圆线脚与一个小方线脚连接作为柱身的结束。

爱奥尼柱式的柱础与塔司干及陶立安柱式的柱础有较大的区别，它与科林斯柱式的柱础都是属于精美型的，具有很高的艺术性，我们将它们称为阿蒂克柱式柱础，由古希腊爱奥尼阿蒂克柱式柱础发展而来，它们有饱满的弧线线脚，又去掉了过于细小琐碎的部分。柱础高为 1 个母度，可将柱础分为三个部分，下面 1/3 母度高为方形的柱础垫石"普林特"；上部弱于 1/3 高处其平面为圆形，侧面则为半圆线脚的鼓形物；中部强于 1/3 高，其平面仍为圆形，其上半段由一个斯各次线脚接一个反阿斯特加尔线脚，下半段由一个阿斯特加尔线脚接一个斯各次线脚组成（见附图 12 中②（p192）及图 3-18 中 B 图）。另一种爱奥尼柱式柱础分成两个部分，下部 1/3 高处为方形的普林特，上面 2/3 高的部分分为三段，如果将属于柱身的小方线脚加入，刚好是三个等份。上段为一个阿斯特加尔线脚，中段为一个斯各次线脚，下段为一个反阿斯特加尔线脚，其平面为圆形（见图 3-18 中 A 图）。前一种柱础多用于绝对尺寸大的大型柱式，后一种柱础多用于绝对尺寸较小的中型柱式，采用哪种柱础可由创作者自定。

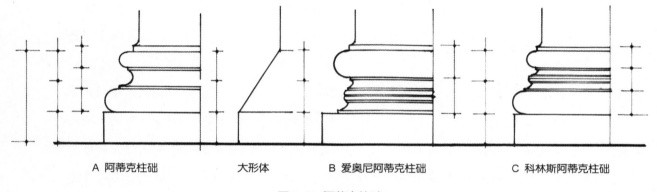

A 阿蒂克柱础　　　　大形体　　　　B 爱奥尼阿蒂克柱础　　　　C 科林斯阿蒂克柱础

图 3-18 阿蒂克柱础

爱奥尼柱式的柱头是比较特别的，它没有柱头颈，高度为 2/3 母度，柱身与柱头交接处为一突出于柱身的小方线脚，小方线脚上接一个小的半圆线脚，以上为一个饰有浮雕的 1/4 圆线脚，然后是两个旋涡的水平连接段，再向上安装了一块正方形的柱顶垫石（见附图 13 中①，p193）。柱顶垫石通过一个小方线脚与额枋相接，柱顶垫石的下部为一个装饰有花纹的混枭线脚。在垫石下可以看到两个相反方向卷成螺旋形的涡卷。这个涡卷由一个光滑面及由大到小突起的小方线脚逐渐收小的三层螺旋弧线构成，结束于一个突出的圆饼，称为涡卷的"小眼睛"。涡卷的画法有很多种，我们只介绍较为典型的一种画法（见附图 14（p194）和附图 15（p195））。图中左右两个小眼睛的中心轴线距离为 2 个母度，而柱中心将这个距离平分，各为 1 个母度，小眼睛圆心点与柱顶垫石上表面的竖向高度为 2/3 母度。小眼睛为一个小圆，其半径为一个分度（1/18 母度），涡卷的上外皮与小眼睛圆心点的最大竖向距离为 1/2 个母度（9 个分度）。每画一段 1/4 圆弧，螺旋形弧线应该向圆心拉近 1 分度左右，故小眼睛圆心点在水平方向上，外圈弧线点为 8 个分度，圆心点到正下方外弧线点为 7 个分度，继之为 6 个分度，画一圈弧线后分为 5 个分度，以后画弧线逐渐收拢，直到将弧线画至小眼睛的正上方（如附图 15 中①，p195）。维尼奥拉提出了一套画螺旋形旋涡的方法（见附图 15，p195）。以小眼睛中心点为圆心作半径为 1 个分度的圆，沿垂直与水平方向作一内接于圆的正四方菱形，由圆心向正四方形的四个边作垂线（称为阿波非玛），阿波非玛与正四方形的相交点编为点 1、2、3、4，将圆心与点 1 之连线等分为三段，由外及内为点 1、5、9，圆心与点 2 之连线由外及内为点 2、6、10，圆心与点 3 之连线由外及内为点 3、7、11，圆心与点 4 之连线由外及内为点 4、8、12，点 13 则与小眼睛圆心重合，这些用数字表示的点依次为外涡卷上各段 1/4 圆弧的圆心，这些圆彼此相切并尾首连接。每次以圆心编号点为圆心画弧时不仅要改变圆心的位置，所画的 1/4 圆弧的半径也要减少一个分度，其最大半径为 1/2 母度（9 个分度），最后交接在小眼睛的正上方，形成一道均匀的外螺旋曲线。内螺旋线也应在绕三圈之后在小眼睛正上方与外螺旋线相吻合。内螺旋线是这样画出的，将阿波非玛线上的点 1 与点 5 之间的距离分为 4 等份，将靠近点 1 的 1/4 距离标定为内螺旋线的 1' 号圆心，以此类推内螺旋线的 2' ~ 12' 号圆心点。螺旋方线脚的宽度取决于内螺线的半径长度，通常可将内、外螺旋曲线起点处的差取为 1 个分度，然后逐渐减小趋于 0。

　　爱奥尼柱头的侧立面与仰视平面与其他柱头是完全不一样的，是有方向性的。涡卷在柱头侧面上形成两个对称的钟状圆线脚（见附图 13（p193）和附图 14（p194）），上面饰有叶状图案，极像一个中间用带子束起来的枕头。这个似枕头又似两个钟的圆线脚被称为"巴留斯特拉"，由于爱奥尼柱式的柱头是有方向性的，使用时应十分注意。

　　爱奥尼柱式的檐部特征如下。爱奥尼柱式的额枋装饰比塔司干与陶立安柱式复杂，其高度不是 1 个母度而是 $1^1/_4$ 母度。额枋、檐壁与檐口的高度之比为 $1^1/_4$ ： $1^1/_2$ ： $1^3/_4$，即 5 ： 6 ： 7，檐部总高为 $4^1/_2$ 母度，也就是柱高的 1/4。额枋上部以一个小方线脚与混枭线脚作为结束，它的下面由三个层层相叠的条石组成，由上及下，上面一层较下面一层条石微微突出。每层条石的高度不同，下层最小，中间次之，上层最高，其比例也是按 5 ： 6 ： 7 来分配的，并各为 5、6、7 个分度，总高刚好为 1 个母度，其顶上的小方线脚为 1.5 分度，混枭线脚高为 3 个分度，加起来刚好为 1/4 母度。檐壁高 $1^1/_2$ 母度，为简单的垂直线脚。支撑部分高度为檐口部分总高的 1/2，可将它划分成 3 个部分，上面 1/3 为装饰着花饰的 1/4 圆线脚及一个次要的阿斯特加尔线脚，它与中间的 1/3 部分连接起来，中间的 1/3 部分为一排小齿，小齿高度略小于支撑部分的 1/3 高，小齿的宽度为高度的 2/3，小齿向外突出长度等于小齿的宽度。小齿之间缝隙的宽度约为齿宽的 1/2，根据实际情况调整，使小齿成整数并均匀布置，支撑部分的下 1/3 部分为带花饰的混枭线脚。檐口的泪石与冠戴部分同高，冠戴部分采用枭混线脚，上面以一个小方线脚作为结束，这种冠戴是最常用也是最完美的一种冠戴形式。泪石的下面部分的侧面是一段直线线脚，泪石的上面部分则是带有花饰的混枭线脚，上连一个小方线脚与冠戴部分相接。泪石底面向上稍微凹进，前后两边是窄的小方线脚，从底面与剖面上可以明确看出（见附图 16 中①②，p196）。附图 13（p193）的剖面是剖在小齿之缝上，而附图 7（p187）陶立安的剖面正好剖在小齿上。

　　爱奥尼柱式的基座分为座檐、座身与座基，座檐与座基的高度相同，都为 1/2 个母度。座身上接座檐，以一个小方线脚作为结束，下为一个 1/4 凹圆线脚，与座身直线线脚相连。下接座基也是以一小方线脚作为结束，上为一个 1/4 凹圆线脚，与座身直线脚相连。座檐由带小方线脚的混枭线脚与下接一段直线线脚组成的泪石与上为 1/4 圆线脚、下为阿斯特加尔线脚组成的支撑部分构成。泪石与支撑部分的高度相同，为 1/4 母度，挑出长度略小于高度，即 1/2 母度。座基高为 1/2 母度，由高度为 1/6 母度的方形石板（普林特）、一个反枭混线脚与一个反阿斯特加尔线脚组成，其高度为 1/3 母度，伸出长度略小于 1/2 母度（见附图 12，p192）。

拱券垫石的线脚高度为 1 个母度，没有突出的泪石部分，下有颈线两层，与上面的垫石上部各为 1/2 母度高。它的上面部分由一个小方线脚、带有花饰的小混枭线脚与一个直线线脚组成，支撑部分以一个带有花饰的 1/4 圆线脚及一个小方线脚作为结束。券面宽为 1 个母度，券面线脚的组成与檐部的额枋线脚相近似，由外及内由 1 个小方线脚与带有花饰的混枭线脚及大小不同的三层直线线脚退台组成（见附图 12 中⑥，p192）。墙体或巨墩在下部有勒脚，伸出不多，由一个高为 1/2 母度的普林特组成，上接一个倒阿斯特加尔线脚，与墙身连接。

由于爱奥尼柱式的柱头正立面与侧立面截然不同，爱奥尼柱式以列柱的形式出现时，当由正面转向侧面，就会出现拐角柱相邻转角处的两个面不一致的难题。在古希腊时期，工匠们创造了一种特殊形式的转角柱头（见附图 13 中③，p193），解决了正立面的转向问题，角上的涡卷为两个面共用，这种爱奥尼柱式的变体称为"角柱头"。在实践中，我们常常会遇到这种难题。还有一种柱头是将涡卷相交于柱顶石的对角线上，称为"对角线柱头"，科林斯柱式的构想就是由它引发的，在罗马时期这种对角线的爱奥尼柱头也曾使用过。

（四）科林斯柱式

科林斯柱式（见附图 17~ 附图 20，p197~200）不是出自古希腊的一个种族，而是来自于科林斯城。它被认为是爱奥尼柱式的一个变种，它的细部十分丰富，装饰极为华丽、轻盈，富有女性特征。

科林斯的柱身直径为柱高的 1/10，下部 1/3 高处的柱径的一半为 1 个母度，柱子上端收分为 5/6 下部直径，柱身加工精细，饰有 24 个凹槽，凹槽在水平面上为半圆形，凹槽之间有小于凹槽半径宽度的夹条，凹槽上下都以半球面作为结束。柱础来自于阿蒂克柱础，高为 1 个母度，普林特（方形垫石）高为 1/3 母度，上部为 2/3 母度，由上小下大的两个半圆线脚夹中间部分组成，中间部分是由两个小的斯各次线脚和两个一正一反的阿斯特加尔线脚组成的装饰线脚。

科林斯的柱头总高为 $2\frac{1}{3}$ 母度，柱顶垫石高 1/3 母度，是一个由四条相同曲线构成的普林特。普林特的顶上是一个 1/4 圆线脚与一个阿斯特加尔线脚。柱顶垫石的角安置在对角线等于 4 个母度的正方形的四个角上，每个角处顺对角线的垂直方向被切掉一块。柱顶垫石的四个边被压向里面，形成一个大弧线。支撑柱顶垫石四个角的大涡卷直接放在垫石下，而另外的一些小尺寸涡卷则处于柱顶垫石曲线正中凹进去的地方，支撑着柱顶垫石上的玫瑰花饰。在涡卷下设置了两层叶片及一层小叶片，最下面一层由八个叶片组成，它们直接放在柱顶的阿斯特加尔线脚上。而在这些叶片后面，出现了另一层叶子，它们的高度是前者的 2 倍，每个叶子都是从两个下层叶片的中间拔茎而出的。最上面的叶片一大一小不等，它们是从小茎上长出的，共有十六片叶子，每组涡卷由两片叶子托着，涡卷由叶片的茎上长出，像卷着的植物触须，以螺旋形作为结束。每一组涡卷都由两个叶子支撑着，构成一个组合，下面两层叶子的高度与涡卷高度为 3 个相等的部分，总高为 2 个母度，每层高为 2/3 母度。涡卷与叶子伸出长度不应超过柱顶垫石的阿斯特加尔的半圆线脚与柱顶垫石的 1/4 圆线的公切线所构成的界限（见附图 20 中①，p200）。中间由茎上长出的涡卷顶到玫瑰花饰下，花饰的直径为 1/3 母度。科林斯涡卷的特点是越接近涡卷的中心越向外突起，形成像提琴的头一样的螺旋形表面。第一层叶片均匀地放置在柱顶垫石对角线与柱中心线夹角的中间，第二层叶片处于第一层叶片的中间，它们也刚好落在柱顶垫石对角线与柱中心线的位置上，即都落在大、小涡卷的下面。

科林斯柱式的檐部仍由额枋、檐壁与檐口三部分组成，总高度为 5 个母度。其额枋可以看成是爱奥尼柱式的额枋细部的进一步美化，其高度为 $1\frac{1}{2}$ 母度。额枋仍然由三层直壁组成，它们的比例仍是 5：6：7，与爱奥尼柱式相同，只是每两层直壁间加了小的弯曲的次要线脚，作为直线线脚之间的过渡。从下往上，第一道直壁与第二道直壁之间加了一道小圆线脚，第二道直壁与第三道直壁之间加了一道混枭线脚，第三道直壁顶上有一道似冠戴的结束部分，它上面为方线脚下接一道混枭线脚，再下接一道小圆线脚。

檐壁为普通的垂直面，高度为 $1\frac{1}{2}$ 母度，其上常饰有浮雕或文字装饰。在檐壁顶与檐口部分的相交处，设有一道窄的阿斯特加尔线脚作为檐壁的结束。

檐口部分高为 2 个母度，檐口分为泪石、冠戴与支撑三个部分，泪石与冠戴部分为檐口的上部，高为 2/3 母度。支撑部分高 $1\frac{1}{3}$ 母度，支撑部分比塔司干、陶立安、爱奥尼柱式的相对高度高。支撑部分由下及上为混枭线脚、一列小齿以及下面有小方线脚与小圆线脚的 1/4 圆线脚，支撑的上面部分为托檐石，形同横放的托石，是一种新的构件，为爱奥尼柱式所没有的。托檐石的高度为 1/3 母度，这样支撑部分就被分成了 4 个相等的部分，都等于 1/3 母度。托檐石居于每个立柱的中轴线上及两轴的中间线上，其间距随柱距不同而改变，中距相等，为 1~1.5 个母度。此外托檐石的位置还应与支撑部分中的小齿相协调与对位，故在设计建筑物时，必须推敲如何安排小齿与托檐石的位置以保证各部分之间的统一性。檐口的上部由冠戴与泪石组成，冠戴部分上面为一小方线脚，下面为枭混线脚。泪石上部以一小混枭线脚与冠戴相接，下为一挑出的带滴水线的石板，并由托檐石支托，檐口挑出略小于 45°。

科林斯柱式的基座与爱奥尼柱式的不同之处是它有一个小檐形的颈部，以阿斯特加尔线脚将座身的垂直面分开，颈部的高度为 5/6 母度（这个尺寸刚好与柱子上端半径相吻合）。座檐由泪石石板组成，上面是一个小方线脚下接混枭线脚，再下接垂直线脚。泪石石板下有滴水槽，再过渡到枭混线脚，只有由下往上看时，枭混线脚才是完整的，枭混线脚下为一组阿斯特加尔线脚。座基高 5/6 母度，它较爱奥尼柱式增加了一个厚为 1/3 母度的方形普林特，由下至上它由一个半圆线脚及一个小方线脚连一个反枭混线脚，上为一个小半圆线脚组成，与爱奥尼座基类似，高为 1/2 母度。它与座身壁也是通过一个小方线脚与 1/4 凹圆线脚连接的（见附图 17 ①，p197）。

科林斯拱券垫石高 1 个母度（见图附 17 左图，p197），上部由一个小方线脚与枭混线脚组成，高 1/5 母度，中间为直线段下接带有花饰的混枭线脚，高为 2/5 母度，下部为一直线段接一个小半圆线脚作为结束，高度也是 2/5 母度。券面宽一个母度，由一个小方线脚接带有花饰的混枭线脚下接三个直线段组成，直线段的比例 7 ∶ 6 ∶ 5。外直线段与中直线段由带花饰的混枭线脚连接，中直线段与内直线段由带花饰的半圆线脚连接。勒脚高 5/6 母度，由一个反阿斯特加尔线脚与直线段连接。

（五）复合柱式

复合柱式有时较科林斯柱式细高，或相似，给人感觉它是爱奥尼与科林斯柱式外形的结合。

复合柱式较科林斯柱式简化，以避免过分纤细和娇柔，在古罗马时期，在公共建筑中这种柱式系统曾得到较多的使用（见附图 21（p201）和附图 22（p202））。由于它不构成一种独立的柱式系统，故本书不再深入研究。

七、运用柱式的几种建筑组合

（一）列柱

支撑着一个共同的檐部的排柱称为列柱，列柱的柱子通常没有基座，它们竖立在一个共同的基本水平面上。这个水平面常常以高台阶梯状层层向下逐渐扩大，如希腊的多个神庙（见彩插 3、5、6）。有时，这个共同的基部在高度和装饰效果上都可以被看成是列柱的一个共同基座，在古罗马时期的庙宇中比较多见，在建造列柱时，必须掌握柱子中轴线的距离与柱高的关系，一般柱距为 1/3 柱高，也可以略有变化。以四根柱子的列柱为例（见图 3-19）。连接第一根柱轴线下端与第四根柱轴线的上端构成一个正四方形。如果不改变柱高而要放宽柱距，最多也只能将高度扩大到檐口冠戴顶线（见图 3-20）。以上所举的两种情况表示出柱子间距离可以变化的范围。在实际的应用中可以用柱高来确定柱子的间距；反过来，也可以先确定柱距再去计算各种柱式的柱高，这个法则不会束缚建筑师的创作，它只是规定了一个弹性界限，使你的创作不至于离古典原则太远。当建筑师设计的平面采用长方形平面并在外围采用列柱时，必须首先确定列柱的柱间距，然后再确定房屋平面的长、宽与高的尺寸。

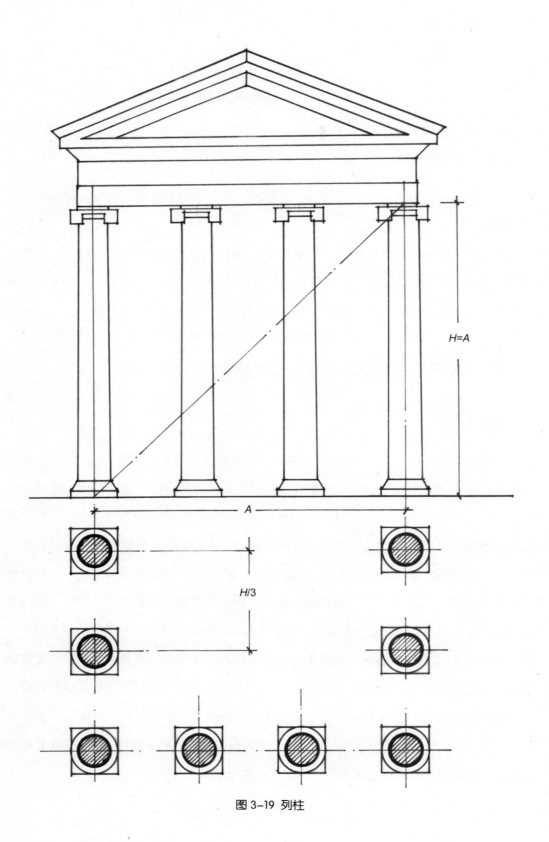

图 3-19 列柱

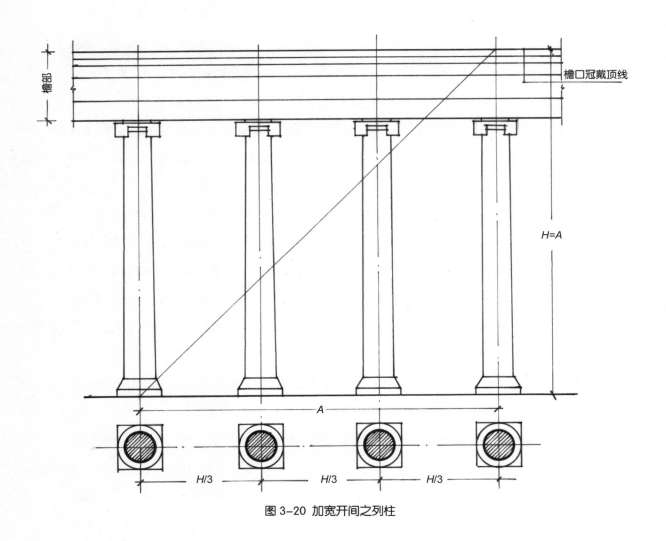

檐部

檐口冠戴顶线

H=A

A

H/3 H/3 H/3

图 3-20 加宽开间之列柱

（二）屋顶与山墙

屋顶分为四坡顶与两坡顶（见图3-21）。四坡顶四边为柱式，檐部为一平面；两坡顶短边檐部应设山墙，长边柱式直到檐口。古希腊时期的屋面坡度较小，可以采用作图法求得（见图3-21），方法为：作线段ab，以点a、b为圆心，ab为半径，画弧相交于点c；以点c为圆心，ab为半径再作弧，与ab中垂线相交于点d；连接ad，$\angle dab$即为古希腊时期屋顶的坡度角。古罗马时期屋顶的坡度较大，其作图方法如下（见图3-21）：作线段ao，以o为圆心，ao为半径作圆弧，与过点o、ao的垂线相交于点c，再以点c为圆心，ac为半径作圆弧，与co的延长线相交于d，连接ad，$\angle dao$即为古罗马时期的屋顶坡度角。

两坡顶建筑物的短边应设山墙，山墙即在短边直线檐口上另加的一个三角形部分。三角形的两条边应与屋面的坡度相一致，为两个斜面。三角形的垂直面为墙体，材料与檐部相同，内退的檐壁上常常刻有突显本建筑性格的浮雕与花饰。我们知道，檐部由额枋、檐壁与檐口组成，在建筑物周边的檐部上，短边与长边的额枋与檐壁是一致的，从长边转向短边交汇连成一体，檐口部分的泪石也是交汇连成一体的，只是在山墙处只有冠戴部分，由长边转到短边时，随屋面而升起形成三角形（见图3-21下图）。这里要强调两点：第一点是长边冠戴部分的挑出长度与短边冠戴部分的挑出长度与高度及线脚形式是一样的，但冠戴部分向上扬起的角度较无山墙处柱式檐口的冠戴部分的角度大；第二点是三角形墙体的垂直面应与下部檐壁在同一位置上。三角形处与下部檐部一样要做出泪石与支撑部分，其高度与挑出长度不变（见图3-22）。有时仍保留泪石与上面冠戴部分过渡的小方线脚与过渡线脚（见图3-22上图）。也有将小方线脚与过渡线脚去掉的，将山墙的泪石与檐口的泪石连成一体，并将檐口泪石与上皮微微抬起做成斜面，以便排除雨水或雪水（见图3-22下图）。

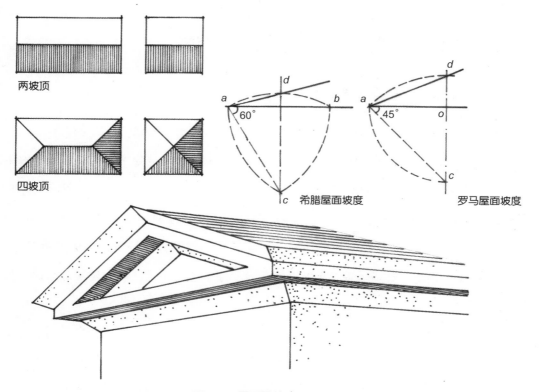

两坡顶

四坡顶

希腊屋面坡度

罗马屋面坡度

图 3-21 屋面及坡度

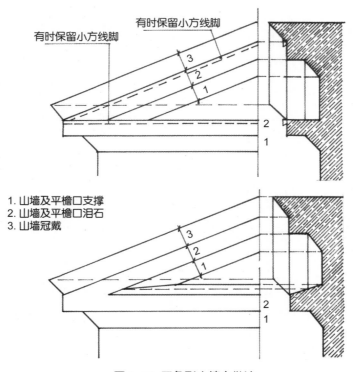

有时保留小方线脚

有时保留小方线脚

1. 山墙及平檐口支撑
2. 山墙及平檐口泪石
3. 山墙冠戴

图 3-22 三角形山墙之做法

（三）柱式与建筑物的配合

在古希腊建筑中，柱式是承重构件，它与建筑是一种共生关系，但在古罗马建筑中，柱式已由承重构件转变成装饰构件。在古罗马的很多建筑中出现了砖、石拱与混凝土拱，其垂直承重体系为砖墙与石块墙体，砌筑砂浆多为火山灰水泥砂浆，柱式只是自承重的装饰构件，柱式的柱子可采用 3/4 柱及全柱来支撑上部檐口或山墙。当采用 3/4 圆柱时，可以采用 3/4 石柱与墙体结合，也可以将圆形石柱部分嵌入墙中只外露 3/4 石柱（见图 3-23），柱与墙体共同承受檐部及山墙的重量，后一种做法更适合砖墙与石柱的结合。

当采用全圆柱时（见图 3-24），一定要在墙体上另设一个扁倚柱作为过渡，在其正前面留空设置全圆柱。扁倚柱的宽度同全圆柱，其突出部分的厚度为宽度的 1/6~1/5，上下不收分。扁倚柱经常是平的四角柱，是由墙面向外突出的，它有柱础、柱身与柱头的装饰与划分。在设计时扁倚柱与全圆柱应各有自己的柱础普林特（方形垫石），并在两块普林特之间留一个便于清扫的缝，两个普林特是放在一个统一

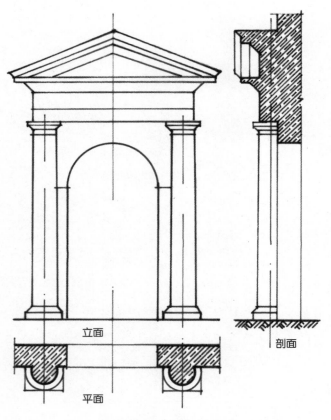

立面

平面

剖面

图 3-23 用 3/4 柱的入口做法

的基座上的。

（四）券与券廊

一系列覆以发券的洞口称作连续券，建造连续券必须知道洞口的宽度与高度、洞口与洞口之间的间壁墙的宽度与厚度、端头墙或巨墩的尺寸与厚度。古罗马时期建筑师制定了一系列的规定（见图3-25）：洞口宽度是高度的一半，间壁墙的宽度是洞口宽度的一半，端头墙宽度与间壁墙宽度相同，间壁墙的厚度是其宽度的

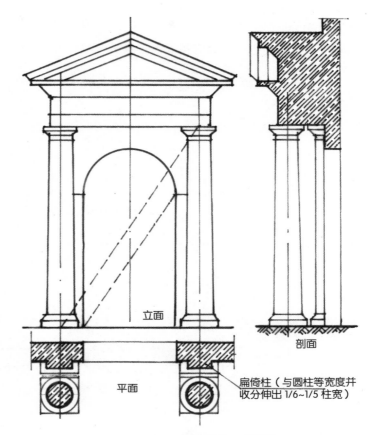

立面

平面

剖面

扁倚柱（与圆柱等宽度并收分伸出1/6~1/5柱宽）

图3-24 用独立柱的入口做法

一半，洞口为一个3∶2的长方形上覆一个半圆，也可将它看成是有两个内切圆的长方形。连续券的做法及拱券墙高的求法如下：在间壁墙中心点 p、d 作垂直于底边的直线，连接洞口下部点 m 与半圆弧脚的点 n，过点 p 作 mn 的平行线，与过 d 点底边的垂线相交于 c，过 c 作 pd 的平行线，与过 p 点底边的垂线相交于 a，线段 cd 与 ap 就是拱券墙的高（见图3-25）。另一种作图法是以两道相邻间壁墙的中心线与底线相交于 p、d，并以 pd 为长方形的短边，定为2，作边长比为2∶3的长方形，长方形的长边 ap、cd 即为拱券墙的高（见图3-25）。

在券的半圆弧外圈饰以一个不宽的装饰边，称为券面，券面的下端被与它同样宽

度的腰带线支撑（见图3-26），此腰带线脚称为拱券垫石，发券券面正中的一块楔形石块比券面更突出一些并高过券面，称为龙门石。

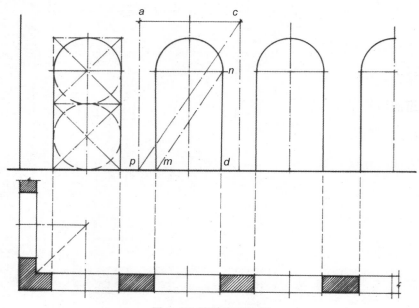

图3-25 连续券之比例

连续券的拱券墙高确定后，就可以根据柱式形式来确定檐部的高度了。当确定为无基座连续券之拱券墙时，檐部的高度取拱券墙高的1/4(见图3-26)，与不完整柱式1：4的比例关系是一致的。当确定为有基座的连续拱券时，先将墙高下部去掉1/4高度当作基座高，上部3/4墙高为柱高h，檐部高度就为$h/4$，与完整柱式的4：12：3的比例关系是一致的（见图3-26）。

券廊：券廊由其建筑的组合核心墙体与装饰性柱廊组成。最简单的券廊组合核心墙体是四面都为单跨拱券（见图3-27）。当每个间壁墙的中心线上都放上3/4柱子与山墙时，就构成了最简单的券廊。券廊前的柱式的檐部遮住了建筑组合核心墙体的大部分，只有墙体的两角没有被柱式遮住而露了出来（见图3-28）。另外，屋面及剖面也表达于图3-28中。

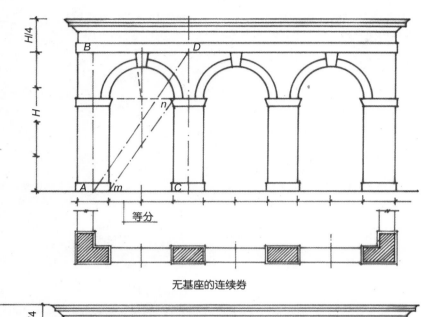

无基座的连续券

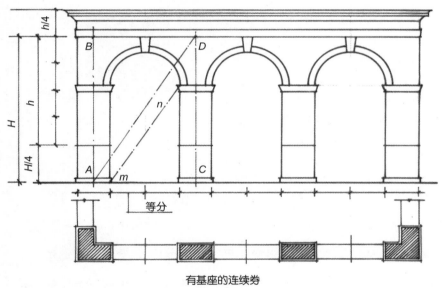

有基座的连续券

图 3-26　无基座的连续券和有基座的连续券

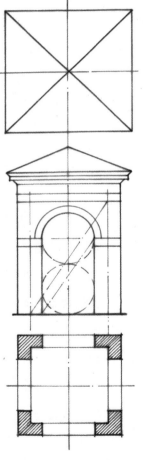

图 3-27　券廊方案

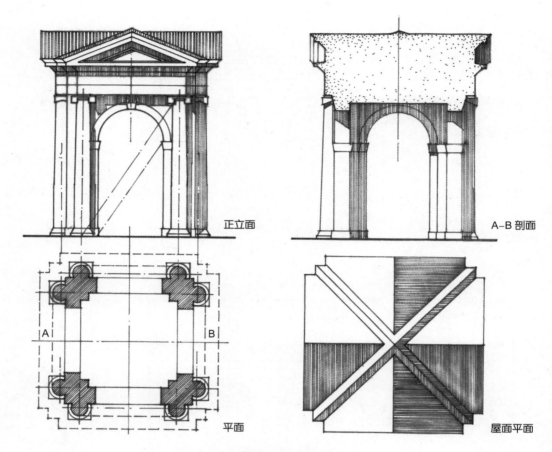

正立面

A-B 剖面

平面

屋面平面

图 3-28 无基座的爱奥尼券廊

　　在券廊中，柱式采用独立的全柱或3/4柱，柱子采用有基座的完整柱式或是无基座的不完整柱式，就可以组合成四种券廊了。当采用不同柱式形式（塔司干、陶立安、爱奥尼、科林斯）时，就可以产生16种不同的券廊（见图3-29~图3-32）。柱式与券廊的建筑组合核心间壁墙（或巨墩）从尺寸上都是匹配的，只有当采用塔司干无基座柱式时，间壁墙（或巨墩）的宽度才显得不够宽，1母度宽的券面会被柱面遮挡住一部分。

　　设计券廊时，会遇到以下几种情况。

　　按照既定的母度来建造券廊：知道了柱式的母度，可以按照柱式的法则求得柱子的高度，如果为无基座券廊，则柱子的中心线间距为柱高的2/3；如为有基座券廊，则应在求得柱高后，再加上 1/3 柱高（基座的高度）的 2/3 就是柱子中心线的距离。为了得到发券的宽度，将柱子中心线的距离分成 6 个等份，中间的 4 份就是发券的洞口宽度。知道发券的宽度后就可以一一求得发券、檐部、柱子的高度等。

当两个转角墙或巨墩的转角之间的距离已知时，由于转角墙或巨墩的外皮宽度为发券洞口宽度的一半，则将整个距离分成 4 个等份，中间的 2 份就是发券洞口的宽度，然后可一一求得各部分的尺寸。

当柱式的任何一部分尺寸已知时，如券廊或柱式的任何一部分的高度已知时，根据各部分互相之间的严密关系，就可以推算出券廊及柱式的各种尺寸。学会了用大形体方法绘制券廊后，就应该研究如何从它的平、立、剖面过渡到有许多细部的完整券廊了。

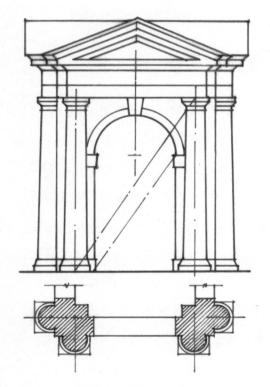

图 3-29　无基座 3/4 柱券廊

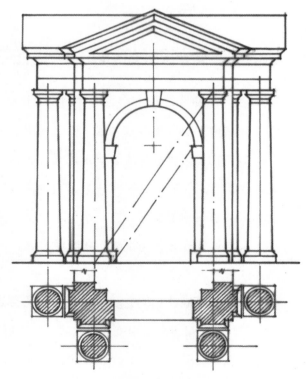

图 3-30　无基座单个独立柱券廊

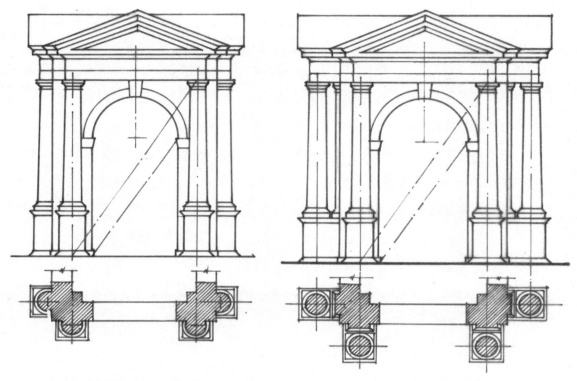

图 3-31 有基座 3/4 柱券廊　　　　　图 3-32 有基座单个独立柱券廊

八、文艺复兴时期的柱式在实际工程中的运用

在古希腊时期，柱子是建筑不可分离的结构，到古罗马时期，由于使用了火山灰水泥，又从中东引入了拱券技术，因此出现了用墙体与柱墩支撑的巨大拱券顶，独立、纤细的石柱已不再承受主要建筑重量，而是起装饰作用。但罗马人并没有抛开这种传统的建筑形式，而是将柱式作为装饰构件运用到巨大的建筑中，常常以柱式来装饰巨大的公共建筑物的墙面，在一个大墙面上，随着楼层由下而上地增加，安放不同的柱式，下层通常安置较为沉重、粗壮的柱式，上部安放比较轻盈一些的柱式，如罗马的马尔茨拉剧院（建于公元前 1 世纪），安放了两层不同的柱式，第一层为陶立安柱式，第二层为爱奥尼柱式（见图 3-33）。在古罗马的大斗兽场的外墙上，这种设计理念被推向了极致，第一层采用陶立安柱式，第二层采用爱奥尼柱式，第三层为科林斯柱式，第四层采用扁倚柱，微微突出于墙面（见图 3-34 及彩插 12）。

图 3-33 罗马马尔茨拉剧院

图 3-34 罗马斗兽场柱式

分层排列不同柱式的规则在欧洲文艺复兴时期被保留下来，建筑师利昂·巴蒂斯特·阿尔贝蒂建造的鲁切拉宫（见图 3-35）墙面上的柱式由三层扁倚柱组成，每一层扁倚柱承担着一个共同的檐部。这种分层排列的柱式（或扁倚柱）通常称为细柱式。建筑师伯拉孟特在罗马建造了教皇宫——冈且列里亚宫（见图 3-36），最下层使用了重块石墙，上面两层使用了细柱式。米开朗基罗在罗马建造的康赛瓦多里府邸（见图 3-37）、帕拉第奥建造的维琴察的伐尔马拉那宫（见图 3-38）以及文艺复兴后期的多个建筑中都使用了这种"巨柱式"手法，柱式的柱子拉到了两层楼高，柱式的基座、柱身、檐口的比例及尺寸都是按两层高度来求出的，柱子显得十分壮观，给建筑物带来了宏伟的感觉。

柱式的规则是文艺复兴时期多个建筑师在研究了古罗马时期的建筑后得出的平均数据，根据这些数据，大师们制定了这些柱式规则。各规则之间各有异同，那么实际的建造中，哪些是必须遵从的，哪些又是有弹性可以做一些改变的呢？当我们详细地研究了文艺复兴时期的优秀建筑师的作品后，就可以得出以下结论：第一，在柱式设计中，柱子的柱础、柱身（柱径及柱高）、柱头的比例尺度是必须严格遵从柱式规则的；第二，基座的尺寸是最有弹性、可变化的，甚至可以完全去掉基座（成为不完整柱式），基座中可以改变的是座身的高度，为了照顾到人的绝对高度尺寸，它的高度可以做很大的调整，不过在实际的工程例子中，更多的是减少座身的高度；第三，柱式檐部的高度也是可调节的，尤其是多层柱式装饰的墙面，顶层檐部尺寸常常被加高，圣索维诺建造的威尼斯马尔恰那图书馆及哥尔尼尔宫（见图 3-39 和图 3-40），都将檐部进行了加高，下部檐部由应为柱高的 1/4 增加到了柱高的 1/3，而顶层檐部加到了柱高的 1/2，在顶层檐壁上甚至还开了小窗，并增加了很多装饰，檐部并没有产生沉重、笨拙的感觉。这些规则是我们在学习欧洲古典柱式或创新时要牢记的。

图 3-35 佛罗伦萨的鲁切拉宫（阿尔贝蒂）

托石

45°托石

图 3-36 罗马的冈且列里亚宫有托石的檐口（伯拉孟特）

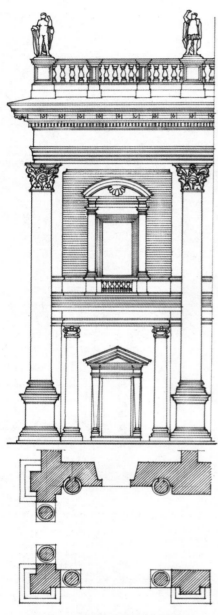

图 3-37 罗马的康赛瓦多里府邸
（米开朗基罗）

图 3-38 维琴察的伐尔马拉那宫
（帕拉第奥）

图 3-39 威尼斯的马尔恰那图书馆（圣索维诺）

图 3-40 威尼斯的哥尔尼尔宫（圣索维诺）

第四章

古典建筑

在研究与讨论古典建筑时，一定要注意采用大形体的描述，比例尺寸一定要控制准确，在设计时注重形体的塑造，不要拘泥于细节，在大形体得到肯定后，再进行细部的描述与刻画。至于小的细部各位建筑师可以根据时代特征、业主要求以及建筑师本人的自我爱好去再创造，使其富有个性。

在古典建筑中，最简单的建筑也是由基部、檐口和墙体三部分组成的，窗子与门只是附着在墙体上的东西。

一、基部

基部为墙体下的扩大部分，它使墙体与土地自然地分开。古希腊时期，为了使沉重的柱子不向下陷，就将柱子立于为其设置的满堂石台或石坪上，这些逐渐上收的石台就把房屋抬高了，同时还承受了整个建筑全部的重量，并把这些重量平均地分散到更大的地基上，增强了房屋的稳定性与坚固性，这种石台称为"阶座"。中国的古典建筑中也有类似的"台"或"基座"，看来人类在处理这类问题时，认识是一致的。由于古希腊的建筑师使用了阶座，突出了建筑的稳定感，房屋的整体仿佛从岩石上长出来一样，使建筑物有了庄严、雄伟的性格。这种阶座的处理手法将建筑的入口处与台阶结合起来，形成步行入口。在古罗马时期，又给柱子增加了基座部分，柱子已不是直接放在阶座上了，而是将柱子放在柱子的基座上，再将基座立于阶座上。

勒脚一般指墙体下部与地面交接处的处理，它来自于阶座，在大形体描述中由简到繁（如图4-1中的A、B、C、D图），这些勒脚如B、C、D图中上部两道水平线之间的斜面，在细部描绘时，可

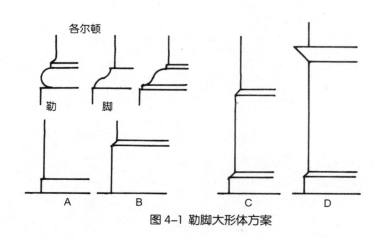

图4-1 勒脚大形体方案

采用半圆线脚、混枭线脚、反枭混线脚等，见图4-1中所表达与描绘的细部（这类线脚统称为各尔顿）。做得最复杂、最讲究的勒脚是按罗马柱式基座外形设计的勒脚（见图4-1中D），这种勒脚常常使用到支撑整段墙体的基部，这个基部相当地厚实沉重，尺度感也相当大。当勒脚层较大时，往往就变成了建筑物的基座层（见图4-2和图4-3），当建筑物有地下室或半地下室时，在建筑立面上必须设有基座层，地下室或半地下室的采光可以通过在基座层上的窗户来实现（见图4-3）。

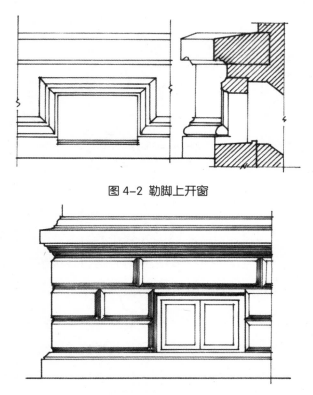

图 4-2 勒脚上开窗

图 4-3 基座层上开窗

另一种设置勒脚的方法是在建筑的墙体下面设置石台，在入口处将它与台阶有机地结合起来（见图4-4），图中A为佛罗伦萨的斯特洛次宫的勒脚，B为西印湟的皮各洛米尼宫的勒脚，C为佛罗伦萨的巴尔多里尼宫的勒脚，D为罗马附近尤里亚的教皇别墅的勒脚，它们都是15世纪文艺复兴的产物。

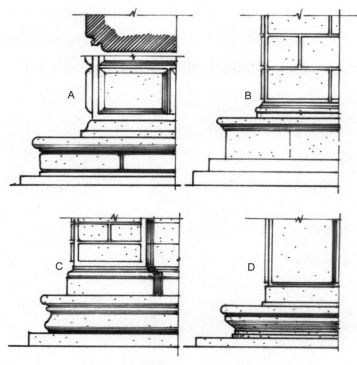

图 4-4 早期文艺复兴时期的建筑勒脚

二、檐口

在欧洲后期建的古典风格建筑中，檐口始终不变地被保留下来，并应用到各类建筑上，它们随着时代与地域的变迁而有所发展，变得更加多样化。文艺复兴时期，不少建筑师测量与描绘了古罗马时期修建的大量建筑的檐部，总结出了檐口的最佳比例关系与外形轮廓的最美造型。在第三章中，我们讲述了各种柱式类型及

其若干变体，熟悉了带有小齿与托檐石的几种柱式檐口，这些檐口被用到各种建筑物上。我们将檐口分为简单檐口与复杂檐口，只有属于塔司干柱式的檐口称为简单檐口，其余柱式的檐口一律称为复杂檐口。复杂檐口可以分为几类：一类为带小齿类檐口；另一类为有托檐石的檐口，主要用在陶立安及爱奥尼柱式风格的建筑上；还有一种既有小齿又有托檐石的檐口，称为科林斯柱式风格的檐口，它们的装饰更加丰富，托檐石上还刻有螺旋式的涡卷和忍冬草叶的精致浮雕，它们被广泛地使用到科林斯风格的建筑之上。

文艺复兴时期，又给这几种檐口增加了不少变体，一种是在托檐石的下面增加了一个突出于檐壁的竖向支撑石板，称为托石，托石的设置减少了上部托檐石的净挑出长度。托石的顶部为一平面，稳稳地托住了上边的托檐石，故也有将托石称为托檐石短柱的。

托石上部伸出檐墙较多，下部伸出檐墙要少一些，托石的侧面可以刻上螺旋形的涡卷状图案。托石中心线之间的距离与托檐口中心的距离是一致的，在相邻的托檐石中心线上放置檐口石板（泪石）。由于泪石是放置在托檐石上的（见图4-5），因此它可以稳当地、较大地挑出于墙面之外（见图4-6）。古罗马古典柱式通常在挑出的泪石上安放冠戴部分，在挑出的泪石下安放包括托檐石在内的支撑部分。文艺复兴时期，建筑师在设计建筑物檐口时，不仅保存了这些支撑部分，而且还保存了它们的复杂装饰。支撑部分仅有托石的这种檐口称为托石上的檐口（见图4-7和图3-36），也可以加上小齿，甚至加上托檐石，如"有托檐石与小齿的檐口"（见图4-8和图4-9），如前所述的"有托石与托檐石的檐口"（见图4-6）以及"有托石、托檐石和小齿的檐口"（见图4-10）。除此之外，檐口的细部与文样更是多种多样的，故形成了古典建筑物上多姿多彩的檐口部分。

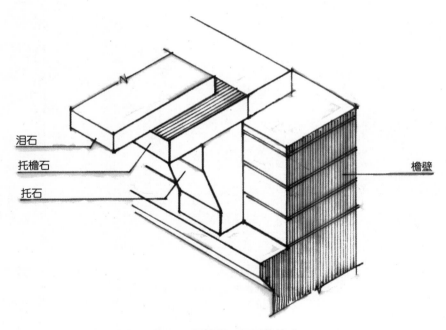

图 4-5 托檐石、托石的构造

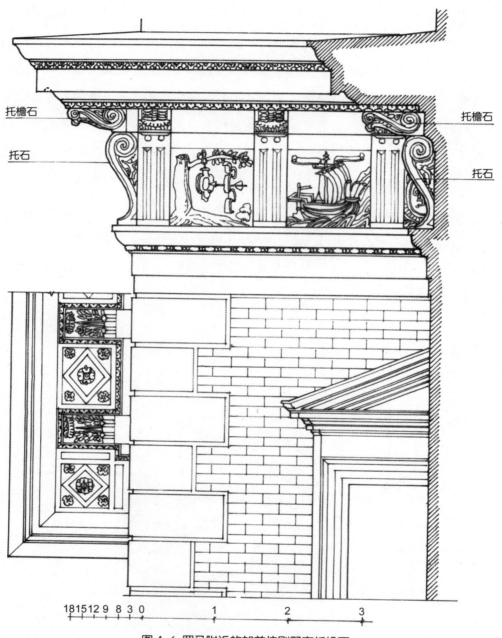

托檐石

托石

托檐石

托石

18 15 12 9 8 3 0   1   2   3

图 4-6 罗马附近的加普拉别墅有托檐石
及托石的檐口（维尼奥拉）

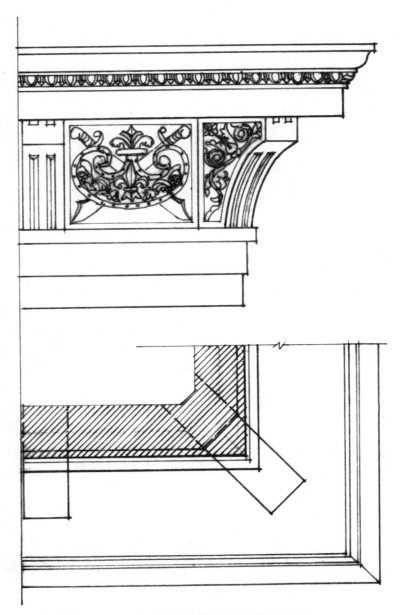

图 4-7 托石上的檐口（罗马的冈且列里亚宫）

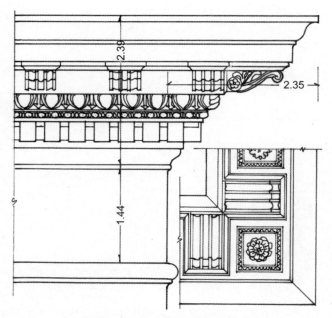

图 4-8 佛罗伦萨的斯特罗齐宫的
小齿与托檐石檐口（贝内德托）

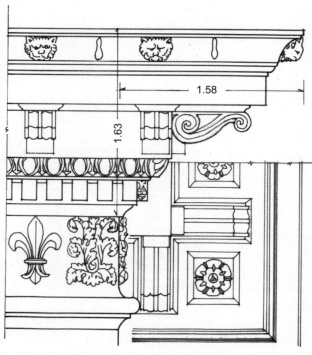

图 4-9 佛罗伦萨的法尔尼谢宫的小齿与
托檐石檐口（米开朗基罗）

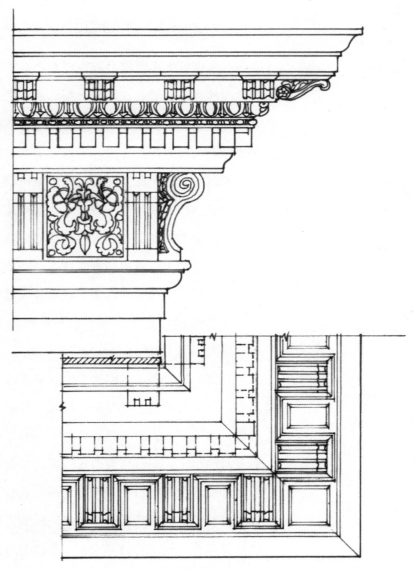

图 4-10　有托檐石、小齿的檐口
（佛罗伦萨的鲁切拉宫）

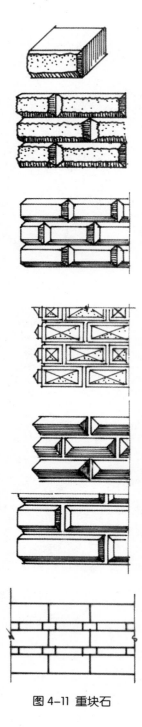

图 4-11 重块石

三、墙体

（一）墙体材料的加工

古典建筑大多用的是石材墙面，石材本身就有材质与颜色不同的特点，另一特点是在砌筑时砌块之间是有接缝的，加工时砍去石块边棱，接缝就会形成矩形或三角形的深沟，当垂直与水平的接缝连在一起时，就会形成墙面上石缝的编织感。这种由石缝构成编织感的手法，还影响着今天的很多建筑物墙体表面的处理，尤其是底层墙面、基座墙面。只是当时在加工墙体砌筑石块时这是必要的工艺过程，而今只是保持古代人类文脉或表现建筑性格的一种装饰手段，各种古典石材与接缝的处理见图4-11和图4-12。

在古希腊时期，人们用大的石块来砌筑墙体的下部，所有石块的大小及长、宽尺寸都需要保持一定的比例关系。古罗马时期，为了节省石材、简化对石材的加工，对石材各边棱线进行粗糙的砍凿加工，并将这种石材用到表现力量的建筑物表面。文艺复兴时期，建筑师们追求石材表面的粗糙而引起的光影变幻，赋予石材更完善、多姿多彩的外形以及有特点的排列与组合。用这种方法加工过的石块称为"重块石"，这一名称也被用来称呼那些被砍成整齐的、有精确外形、像凸台或方锥体的大石块(见

图4-11）。文艺复兴时期的佛罗伦萨到处可见这种"重块石"的墙表面，有时只是基部与下层，有时从下到上都使用这种"重块石"墙体，因此具有这种建筑风格的建筑也称作"佛罗伦萨"式建筑（见彩插13、15、16、21）。

在图4-12中，A是矩形缝的大样，B是斜削边棱的缝，C是大斜面加矩形缝，D是柱式的各种缝脚。佛罗伦

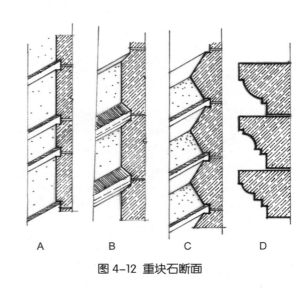

图4-12 重块石断面

萨城的庇蒂官的底层（见图4-13）就是以"重块石"修建的产生雄厚有力的感觉的实例。佛罗伦萨的吕加尔第官（见图4-14）将重块石加工成不同的粗细程度，在砌筑时由下而上随层数由粗变细。

另外，也有将外墙大理石块加工成发光的方锥形石料的墙面，产生钻石墙面的效果，重块石之间的缝被加工成垂直的矩形深缝，产生特殊的光影效果（见图4-15）。

发券是砖石结构建筑在钢筋混凝土发明前在墙上开洞安装门窗必需的手段。发券采用半圆形弧或抛物线弧来完成，在砌筑时如不改变券顶的石材形状就会出现弧线与水平线交接，出现尖角石块（见图4-16左图），在受力与美观方面都属不当。当采用拱券石的特殊加工方法后，就合理地解决了这个问题（见图4-16右图及图4-17）。现今由于采用了钢筋混凝土，在结构受力上，采用梁、平拱、小坡度弧线都可以解决在墙面上开洞的问题，而不必像文艺复兴时期必须以发券才能开洞。但在建筑设计中，为了突出建筑的古典文脉，还是将墙面的装饰石材按拱券石的划分方法进行类似的划分。按拱券石划分石材时，应强调嵌于拱券正中的一块石材，它被称作龙门石，龙门石的做法一般是加大它的尺寸，并在其上刻徽章或其他装饰物，外形似盾牌。

图 4-13 佛罗伦萨的庇蒂宫的底层的一部分

图4-14　佛罗伦萨的吕加尔第宫（米盖洛佑）

图 4-15 威尼斯的多裁宫

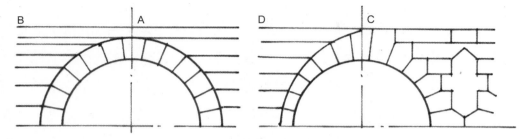

图 4-16 重块石石缝的连接

图 4-17 佛罗伦萨的高第宫窗口石材（沙加洛）

　　墙面上马赛克的使用方法如下。古希腊时代，马赛克由东方传来，当时的马赛克分为两种。一种是由大小不等的各色天然石块镶拼组成，将这些各色石块按色调选择，并按照图画或图案来切、削、磨制，使它们能互相紧密地连接在一起，用来装饰建筑物的内墙面与室内地面。另一种马赛克是用更小的石块做成排拼式马赛克，与当今马赛克的做法与使用无异。古罗马人因为追求华丽与显赫，开始将这种马赛克材料不仅用于地面（见图4-18），而且用来装饰庙宇以及公共建筑、宫殿、私邸的墙面。后来，马赛克的使用已超出了建筑的装饰范围，被广泛地使用到绘图领域中，成为一种能永久保留的石头绘图——马赛克画。在拜占庭王国时期（东罗马），采用各种颜色的玻璃棒做成小块或棒状，人们称之为"斯马立达"，即现代称为料器的材料，用它镶嵌出色彩斑斓的画壁。还有一种特殊的工艺，是在立方小块上，覆贴极薄的金箔，其上再覆以一层透明的玻璃层，用金色料器组成细窄的小带子，比整个画面稍有倾出，就可得

图4-18 奥林匹克席夫沙神庙的马赛克地面

到一种妙不可言的效果，沿着细窄的小带子产生各种颜色、深浅不同、闪闪发光的耀眼金色。

在古罗马时期，外墙及内墙面的装饰上还曾使用过研磨过的大理石板，它们由白色、黑色、灰色、绿色、红色、黄色、辉绿色的各色大理石板组成多种花纹图案（见图4-19），镶嵌在墙面上，在这个时期，也曾采用过人造大理石与其他的石板。此外，在内墙上还使用过湿粉画，就是在潮湿的抹灰墙上绘画，让颜色趁墙的灰浆未干时，浸入潮湿的灰浆层深处。文艺复兴时期还出现过一种"刮粉画"，就是在墙面上抹上深色灰浆层，然后再在它的上面抹上第二层浅色的灰浆层，在外面一层上作画，然后用尖利的工具刮削出画面，因而就得到有底色的双色画（见图4-20和图4-21），不过这些做法在近现代的室内装修中早已被摒弃了。但是作为历史，我们还是应该知道的。

图4-19　用大理石镶嵌的墙壁贴面

图 4-20 梵蒂冈敞厅的装修

图 4-21 刮粉画装饰

　　框边线脚是指用浮雕式的凹凸线脚来装饰室内与室外的光滑墙面。壁画、彩色图案的外沿都借助于边框来装饰。这种框边线脚还常常被使用到大厅以及门厅、门廊和楼梯的墙面上。这种围着墙面、天花、穹隆顶等一定面积的框子称为"框边线脚"。当在石材面上做边框时，应在石材面上凿出，如墙面为抹灰砂浆时，边框就采用抹灰线脚，抹灰线脚一般采用特制的包着铁皮的木头曲线模具在抹灰面上硬擦出来，这种工艺流传至今还在使用，这种边框线脚称为"拉刮线脚"（见图 4-22）。我们还经常见到镶嵌着图画与肖像的框子，这种框子被称为"巴格特"框，它由许多小线脚组成，由内到外逐渐升高（见图 4-23），图中的 A 线脚比较简单，多用作石材线脚，也可称作"巴格特"框。B 与 A 采用的是同一种线脚，只是它被用作抹灰线脚。图 C 与 D 中的线脚主要来自爱奥尼与科林斯柱式的部分檐部，它们适宜在爱奥尼或科林斯柱式风格的相应墙面上做框边线脚。"巴格特"线脚的特点是框内的墙面高于框外的墙面（如 A、C、D），而抹灰线脚框内、框外的墙面都是一致的，不管是"巴格特"线脚还是抹灰线脚都称为框边线脚。

　　框边线脚在转角处有多种处理手法（见图 4-24）。第一种是向内缩进做直角转折，在框边向内后退的空当处安上圆形的"玫瑰花钉帽"或其他外形更简单的钉帽（见图 4-24 中 A、A1、A2）；第二种是将框边线脚做成弧线向内退，也可加上两个小直角后再做弧线内退（见图 4-24 中 B、B1、B2）。

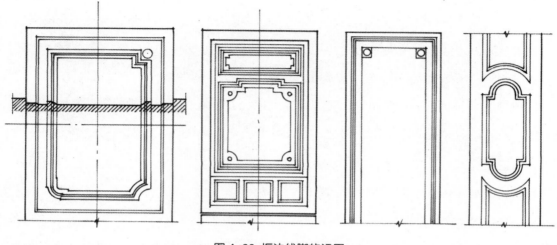

图 4-22 框边线脚的运用

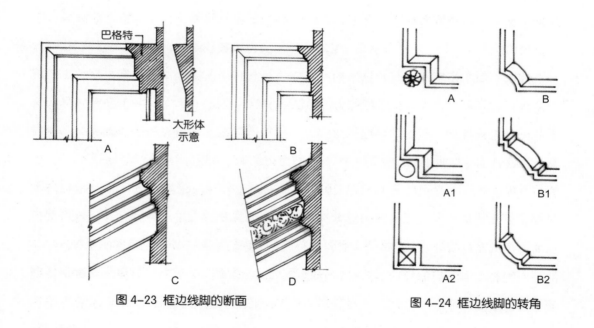

图 4-23 框边线脚的断面　　　　　　　　图 4-24 框边线脚的转角

　　墙面的雕像装饰：早在古希腊的建筑中，如在帕提农神庙外墙上部环绕着一个宽檐壁，檐壁上雕刻着很多"浅浮雕"，这些"浅浮雕"的内容与帕提农的事迹密切相关。

但是到了文艺复兴时期，建筑师改用装饰物、彩色花环及一些稀奇古怪的形象去装饰檐壁与墙面，唯恐出现空白的墙面，这些装饰常常与墙面并无有机的联系，也无内容上的牵连。当然，也有将浮雕与墙面结合得很好的例子，如建筑师乔利阿·马卓尼1540年在罗马建造的斯巴达宫，建筑师出色地将墙面装饰和窗子的装饰联系了起来，墙上的装饰浮雕的深度不同，墙身厚度自下而上逐渐地减小，浮雕的深浅也随墙体的变化由深变浅（见图4-25及彩插13）。在下层的窗间墙上还挖出壁龛，绝妙地将浮雕做成女像放置在壁龛的基座上。

壁龛标志及匾额：为了使墙面生动起来，常常用壁龛作为墙面装饰的母题。壁龛是厚墙上挖出的凹入部分，壁龛可以设在外墙上，也可设在内墙上，外墙上的壁龛高度常与窗子高度一致（见图4-25），如上面列举的斯巴达宫，有时甚至占用一整间敞开的房间，如罗马的潘泰翁神庙的落地龛（图4-26）。龛是文艺复兴时期最常用来装饰墙面的部件。

按照外形，龛可以分为三类：直角式壁龛，龛顶上为横枋覆盖；半圆额龛，外墙面下部为一长方形凹槽，龛顶上为一券面覆盖；圆形龛，外墙面下部可为一长方形凹槽，也可为一圆形凹槽。龛的平面可以凹成半圆柱形，也可以是半球形。当平面为长方形时，龛的天花可以是平面或者拱面，当平面为半圆柱形时，后壁就成为一个弧形柱面，顶部天花就成为一个1/4球面的穹顶。直角式壁龛与半圆额龛的高度通常为宽度的2倍，但有时也可以增大到2.5倍。在斯巴达宫中，龛中立有人像、花盆或烛台等物，也有空着的，什么也没有。在外墙面上的龛实际上就是墙上的一个深凹坑，上部由一个不宽的券面围着，半圆形的券面坐落在拱券垫石上，拱券垫石向龛内壁延伸绕一圈，将龛的上部与下部分开来，下部常常是光滑的墙面，作为人像雕塑的背景。当墙面为圆弧形柱面、天花为1/4球面时，人像头顶的上部常因贝壳状的装饰而生动起来，这种装饰的例子可以在罗马的圣·玛丽亚·波波洛教堂中看到（见图4-27）。圆形龛在意大利文艺复兴时期的建筑中可以看到，这种龛被一个环状的装饰雕刻圈所环绕，本身为一凹进的球形坑，龛里习惯于安上一个从龛里探出头来窥视的头像。

图 4-25 罗马的斯巴达宫（马卓尼）

图 4-26 罗马的潘泰翁神庙的落地龛

图 4-27 罗马的圣·玛丽亚·波波洛教堂的龛

标志板可采用与墙面不同的材料如大理石、青铜甚至铸铁做成，用螺栓将它们紧紧地固定在墙面上。螺栓上应加装饰螺帽，螺帽可以做成玫瑰花形或光滑的球形。标志板上刻着建造该房子的原因、年月和建造者或只简单地写出为谁而建（见图 4-28）。

匾额是纯粹的装饰物件，多以雕刻形式来表达，在中世纪时，寨堡上都喜欢安装上家族的代表徽章，这些徽章多是在木板上雕刻出各种浮雕或用颜色描绘出各种图案，这些图案与戴在战士左臂上的盾牌形标志图案相似。这种盾牌形状的东西可以装饰成椭圆形、三角形或多边形，有的甚至雕刻成动物形状（见图 4-29 和图 4-30）。十分简单的圆形或椭圆形盾牌标志称作"米达利翁"，形状比较复杂、装饰较多的盾牌形标志才称为匾额。

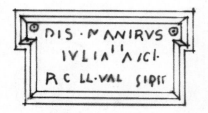

图 4-28 标志板

图 4-29 有徽章的盾
（左）罗马的冈且列里亚宫
（右）佛罗伦萨的吕加尔第宫

图 4-30 佛罗伦萨的匾额举例

（二）墙面之水平划分

基部及檐部属于水平划分部分，它们处在墙面的最下层与最上层，由于在基部与檐部中已做详细论述，在本段中就不再重复了。古希腊时期，建筑物仅为一层，而古罗马时期不仅有一层的建筑物，还出现了多层的建筑物。我们在本段中主要是叙述从古罗马时期的多层建筑过渡到文艺复兴时期的多层建筑墙面水平划分的演变。在古罗马时期的多层建筑中，在墙面的建造上，由下至上地采用了由重到轻的不同柱式，它们的水平划分元素就是各层的各种柱式檐部，手法比较单一。到了文艺复兴时期，创造出多种水平划分元素，归纳起来可以分为五种：楼层间的檐口、币边、腰带、窗下檐口以及次要的拉刮线脚。

1. 楼层之间的檐口线脚

古罗马时期，砌筑砌体时，就已使用水泥砂浆（火山灰水泥），砌体可以达到较高的强度（见图3-33、图3-34及彩插8、10、12）。墙体与楼层可由多层发券构成，墙体上下的发券上下各层是完全吻合的。发券之间的间壁墙的中线上安放着各层柱子，柱子是装饰性的，柱子多采用3/4柱，每层柱式的檐部重量主要是由该层的厚实间壁墙来承受。如今，当你看到由于地震而破坏的多层建筑物（见彩插10、11）时，可以清楚地看到虽然柱子已经倒塌，但檐口还部分存在，而墙体依然完好地屹立在那里。在古罗马时期，每层柱式的檐部都是原汁原味的，符合选用的柱式类型及规则，其檐口的出挑也较大。这种处理手法，对于每层柱式而言，是十分完美的，但当它们组合在一起时，尤其是当人们走近它们观看时，由于下部柱式的檐口挑出较大，上部的柱子基座部分就被挑出的檐口遮挡住看不见了，变得十分不完美，缺少了整个建筑的组合美。古罗马时期，公元前90年修建的马尔茨拉剧院共有两层（见图3-33），第一层采用陶立安柱式，无基座，第二层为有基座的爱奥尼柱式，基座直接放在第一层陶立安柱式的檐部上，并支撑着自己的檐部，爱奥尼柱式的檐部也是整个建筑物的檐部，上下两层的外墙面在一条垂直线上。修建于公元8年的罗马斗兽场共有四层（见图3-34），它的外墙面装饰与马尔茨拉剧院类似，第一层采用无基座的陶立安柱式，第二层为有基座的爱奥尼柱式，第三层为有基座的科林斯柱式，第四层为方扁倚柱，各层都使用了未经改动的原柱式，故各层都有挑出较大的檐部，顶层层高与檐部进行过加高处理。每层檐部仍然有遮挡视线的问题，但是，整个建筑的整体性与完整性均好于马尔茨拉剧院。

　　古罗马时期的这种处理檐部的手法，在处理大、中型建筑的立面时，带来了视觉的不完整性与遗憾。到了文艺复兴时期，欧洲的建筑师们不再沿用这种手法，他们在多层建筑物的顶层采用了装饰复杂、出挑更大的檐口，其他各层之间采用了缩小与简化的檐口，这样做虽然檐部对于本层柱子与基座的比例、尺寸不一定符合柱式规则，但就整体效果而言，这种处理手法却加强了建筑的完整性，改善了各层檐口挑出引起的视觉遮挡，其处理手法见图4-31。图中的A为用大形体表达檐口的高度，与原柱式檐口高度是一致的，只是挑出长度减小为檐口高度的1/2；图中B是将檐口的高度分为3

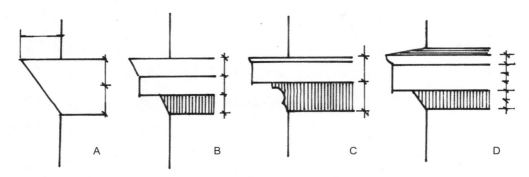

图 4-31 楼层间檐口大形体比例图

个等份，冠戴、泪石、支撑部分各占 1/3；图中的 C 是将冠戴部分减小，上部加排水沟即可，冠戴加上泪石占檐口高度的 1/2，支撑部分占 1/2，由于减少了冠戴部分，看起来不十分完整；图中的 D 檐口是在 C 图的基础上修改的，冠戴与泪石占檐口部分高度的 2/3，支撑部分占 1/3，冠戴与泪石高度之比为 1 ：3，另外在冠戴的顶部加上了排水的小斜面，它是我们挑选出的最佳形式。当用各种柱式线脚来描绘它的细部时，它既具有沉重感又保留了檐口的挑出特征（见图 4-32）。它可以与檐壁结合使用于中间楼层（见图 3-36），也可以不与檐壁结合只使用于檐口部分（见图 4-14）。意大利文艺复兴早期，利昂·巴蒂斯特·阿尔贝蒂（1404—1472）设计的佛罗伦萨的鲁切拉官，三个楼层全部使用了扁倚柱，上两层柱未设基座，

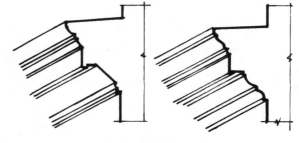

图 4-32 楼层间檐口详图

柱子直接放在下一层的檐口上，最下一层柱使用了共同的基座，下面两层檐口挑出小，并且是经简化后的檐口，檐部组成是完整的，有额枋与檐壁。扁倚柱采用的是科林斯风格，顶部檐口较明显地加大了高度与出挑长度，在檐部檐壁处增加了许多托石来支撑托檐石，托石的光影丰富了檐部，使建筑物实现了整体之美（见图 3-35）。在这个建筑设计中，阿尔贝蒂为了保持科林斯扁倚柱的良好比例，舍去了力求檐口必须与楼层

线吻合的传统，而是将檐口顶面放在了窗台下。文艺复兴时期的奠基人——伯拉孟特（1444—1514）设计的罗马冈且列里亚官（见图3-36），将第一层处理成上部两层的基部，第一层檐口挑出少，檐壁高度小，第二层檐口挑出仍小，但较第一层大，高度符合科林斯柱式的比例，最高一层为屋顶外檐，冠戴部分挑出较大，并设有托石，强调了其主体性，达到了整体美。各层柱式都设立了基座，解决了与楼层协调的问题，这样也就减少了檐部的绝对高度。

2. 文艺复兴时期的币边线脚

这个时期也有许多房屋完全不采用柱式来装饰墙面，但楼层间常常以挑出较少的厚重檐口来做横向划分。为了调整墙面的比例，这种檐口常常不能与楼层吻合，而是放在窗口下。当然，也有部分建筑墙面上的横向划分檐口与楼层十分吻合。有不少建筑将窗口一直落到了楼面处，在外面加上铁栏杆，每个窗子更像一个阳台，故将这种窗称为"落地窗"。

在这个时期，人们逐渐舍去了这种檐口线脚处理手法，楼层间的檐口逐渐转变成一种不带檐口特征的线脚，被称为币边线脚的横向划分线脚。它主要被用作由下往上数的第二个楼层处或窗口下的线脚，与下面墙面上的线脚比起来要粗笨得多，但它却不挑出于下部线脚之外（见图4-33）。图4-33中A是按柱大形体描述的柱顶垫石的比例，显得线脚分量不够，于是才采用了图4-33中B加大直线段、减少斜线段的办法，增加了线脚的沉重感。

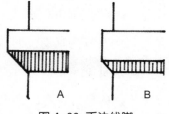

图4-33 币边线脚

这种线脚多见于这个时期的罗马宫殿的底层，币边线脚的垂直面较宽，常常不带任何装饰，少量带有浅的几何图案的浮雕作为装饰，使其变化多样。

3. "腰带"或"小腰带"线脚

横向水平地延伸于墙立面上，微微地突出于墙面的平直带子，称为腰带线脚（见图

4-34）。腰带线脚突出于墙面很少，当突出很多时，它就失去腰带的特点了。当腰带线脚的宽度很小时，称作"小腰带"。

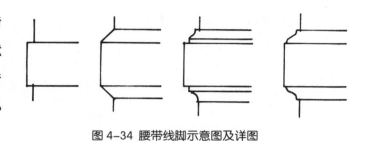

图 4-34 腰带线脚示意图及详图

4.窗口的下檐口与拉刮线脚

当房屋立面上有窗户时，窗口下通常都要设一个较窗口微宽的小檐口，称为窗下檐口，有时在窗口的上部也设有一个小檐口或别的装饰配件，这些配件及檐口多是石材制作的。但在实际的工程中，窗口的上面及下面不采用檐口这种方式，而是采用水泥砂浆多层抹灰做出来的较为简单的装饰线脚，称为拉刮线脚。拉刮线脚是用特制的曲线模板（外为铁皮，内为木模），在分层抹灰的水泥砂浆上拉刮出来的，这种装饰线脚与技术一直沿用至今。窗口下檐口与拉刮线脚（见图4-35）又称为窗台线脚，它常常延伸于整个立面上，将墙面水平划分成几个部分。在立面上不是延伸至整个立面而是断续的拉刮线脚被称为次要的拉刮线脚。

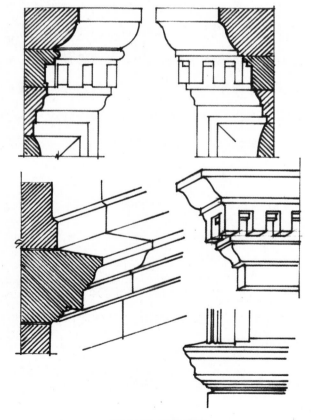

图 4-35 窗台线脚

（三）墙面之垂直划分

在古希腊与古罗马时期，建筑的形体与平面都十分简单，平面一般多为方形、长方形或圆形，其形体也多为简单的单体部，就是大型建筑如斗兽场等形体也很单一，故这些建筑物就变成了庞然大物，但也正因为如此，这些大型建筑物拥有了雄伟宏大的特性，给从古至今的人们留下了难以磨灭的印象。在文艺复兴初期，人们常用这种形体单一的建筑手法来创作。但到文艺复兴盛期时，建筑师们已不满足于这种单一形体的建筑手法，伯拉孟特等采用了组合式的建筑平面及多体部的垂直划分手段，尤其是在设计威尼斯的多个宫殿（官邸）时，采用了当时称为创新手法的组合建筑平面及组合体形，建筑平面也由单一方形平面逐渐发展成在一大方形平面上凸出部分平面，后又发展成一组较为复杂的多体部组合平面（见图4-36）。为了增加建筑立面上的垂直划分，可以采用在平面上有局部外凸的做法，也可以在不改变平面的基础上采用增厚局部墙体的办法，使墙体出现竖向划分（见图4-37）。改变平面而出现墙体竖向划分的称为原凸，也有的不改变平面只是增加墙厚从而出现墙体竖向划分效果（见图4-38），实际竖向划分的工程例子见彩插19、20、24、27。

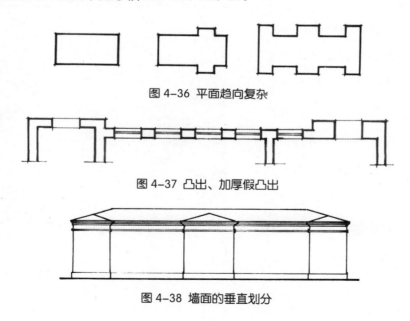

图4-36 平面趋向复杂

图4-37 凸出、加厚假凸出

图4-38 墙面的垂直划分

　　当墙体局部由于承受较大集中荷载等原因时，局部墙体需要加厚，或在设计立面时，需要出现垂直划分线，又不宜采用扁倚柱时可以采用设置壁柱这种手法来加以解决。当壁柱凸出墙面较少（半砖厚）时，可以借用建筑墙面上的基座檐口或勒脚的凸起，落在其上来收头，也可以利用已经设置的墙面上的横向划分带来收头，而不必遵从柱式规则的比例与规定去再做一套柱础与柱头。在实际的工程中，应注意避免与墙体上的扁倚柱设计混淆，壁柱的宽高比尽量不要采用接近于扁倚柱比例 1/10~1/7 的数值。在建筑立面的处理上，如果建筑物的檐部是以完整的檐口、檐壁、额枋三部分作为建筑顶部的结束时，壁柱的凸起厚度又等于额枋的厚度或小于额枋的厚度时，壁柱可以直接顶在额枋下（见图 4-39 中 A）。如壁柱突出的厚度大于额枋厚度，壁柱的高度就应上升至檐口的泪石下，或与斜形支撑线脚相交，在檐壁与支撑部分上形成两个小的侧面（见图 4-39 中 C）。壁柱内凸在房间内时称之为内凸，也可称为内壁柱。它们常常放置在用拱顶覆盖的房间里，用来支撑腰箍券（支撑房顶拱的下层券，见图 4-40）。中世纪的建筑中，经常使用沉重的大拱顶，尤其是在罗曼建筑上与高直式建筑中，在巨大的拱顶下，壁柱加宽加厚成一个厚墩，以此来抵抗拱体的重量与横向推力，人们称之为"反力墩"。反力墩不仅是结构形式，也是一种独特的垂直划分手段（见图 4-41），不过在文艺复兴时期的古典风格建筑中很少见到。

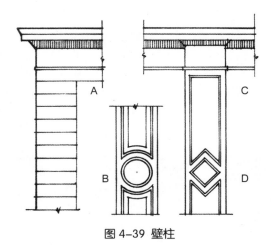

图 4-39 壁柱

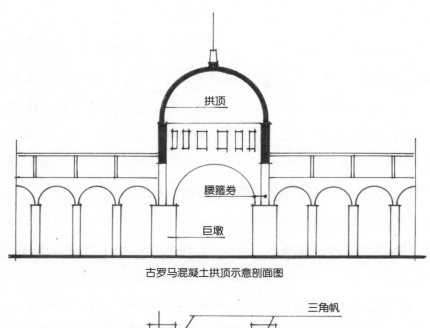

古罗马混凝土拱顶示意剖面图

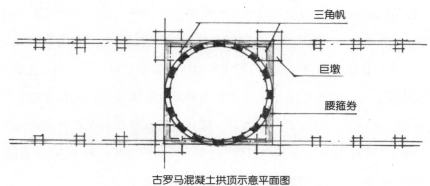

古罗马混凝土拱顶示意平面图

图 4-40 古罗马混凝土拱顶示意图

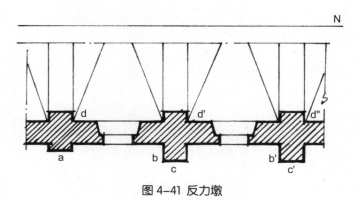

图 4-41 反力墩

在文艺复兴时期，常采用重块石与砖混合砌筑建筑物，墙面采用光滑的装修面材或清水砖墙，墙体采用砖砌筑，在墙体转角处或门窗洞口的四周，局部墙体采用粗糙的重块石。为了使两种不同材料砌筑时能互相搭接与咬合好，石材与砖在高度上有相同的模数与对应关系，而石材应采用长方体，并一顺一丁地砌筑起来（见图4-42）。重块石以其本身的色彩与质地以及表面的特殊加工与对边线的砍凿而凸出于其他墙面材料，起着垂直分割墙面的作用，人们称之为重块石墩或重块石链（见图4-43和彩插13）。

文艺复兴时期，为了进行墙面的垂直划分，最流行的形式是在墙面上采用柱子或扁倚柱来装饰，它们可以采用独立柱、3/4柱及扁倚柱几种形式（见图3-35、图4-44、图4-45）。使用时应符合各种柱式的设计规则。

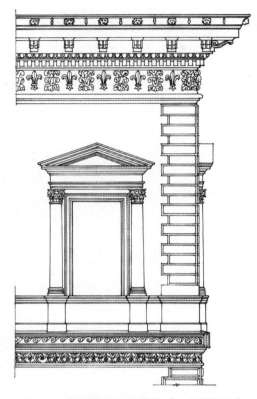

图4-42 罗马的法尔尼谢宫（小安沙加洛）檐口（米开朗基罗）

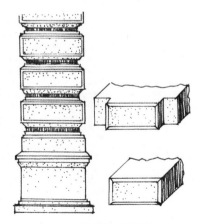

图4-43 重块石垛柱

图 4-44 波隆那的皮未拉克伐宫（沙米盖立）

0　1　2　3　4　5　6　7　8　9　10

图 4-45　威尼斯的列卓尼各宫（隆该那）

图 4-46 威尼斯的多裁宫的院内
立面的墩子（李卓）

（四）独立支柱与拱券

1. 独立支柱及端头墩

　　在室内采用加大断面的柱体来支撑上部的梁及发券重量，这种柱子称为独立支柱。连续拱券的端头要承受拱券的横向推力，也需要做成墩状砌体，称为端头墩（见图 4-46、图 4-47）。

图 4-47 佛罗伦萨的新市场（塔索）

　　独立支柱最简单的形式是墩子，它的横断面是多种多样的，可以是正方形、多角形、十字形以及圆柱形等形状。墩子从来不收分，上下尺寸是一样的，其高厚比是根据结构的需要及建筑空间的要求来确定的，多种多样，并无规则可循。其装饰与式样应围绕一个母题来变化。下部勒脚应微微扩大，或者按柱础处理，也可以使用阿蒂克线脚，墩子上部以小檐口的方式作为结束。这些小檐口与拱券垫石的做法相同，也有在墩子的顶上做陶立安或科林斯柱式的柱头模样来作为结束的。墩子的侧面很少做成平滑面，经常使用有雕刻装饰的框边线脚装饰其表面，也有的用框边线脚围在柱面上，柱面上刻有各种内容的浮雕。罗马宫殿中都建有内院，这些院落四周的房子多为两三层，由券支撑着，券脚落在柱子或墩子上，一般情况下，廊子的转角处习惯用墩子来代替柱子。

　　支撑着多个券（通常为四个）的墩顶平面形式较为复杂，因为每一个被支撑着的券都要落在形似扁倚柱的附加体部上，中心墩子与其他附于其上的多个扁倚柱组成了一个多边形的墩子，只有柱头与柱础是统一处理的（见图4-46），似罗曼建筑和高直建筑中的束柱。伯拉孟特在15~16世纪之间设计的冈且列里亚宫的内院中，将角柱处理成一组墩子，为了强调这种处理，他在柱础与柱头之间加入了水平箍，好像把各柱联系起来组成束柱（见图4-48）。

　　在佛罗伦萨的米基阿府邸门厅中，有一个粗壮的圆形柱墩支撑着门厅顶上的发券。建筑师马尔加·法恩扎感到这种圆墩与圆柱极易混淆，柱子是必须遵照柱式规则来营造的，而圆

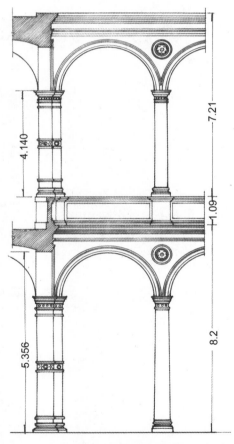

图 4-48 罗马的冈且列里亚宫的内院
（伯拉孟特）

墩是根据受力的需要来建造的，如果装饰不恰当圆墩极易产生形象恶劣的胖柱印象。建筑师不给圆墩收分，墩头与墩础做得非常扁窄，并将墩基垫石做成八角形。用水平箍将柱墩划分成几段，上部为八角形，并用繁密的饰物装饰起来，下部为圆形柱墩，不是采用凹槽而是采用凸棱将柱墩下部装饰起来（见图4-49）。其处理原则是绝不模仿柱子，也不和它争风，独具一格。

意大利文艺复兴时期，多在敞厅前设有敞廊，敞廊多采用连续券，为了抵抗侧向推力，在券廊两端采用了柱石（端头柱）。它与券廊有共同的檐口、共同的柱础和拱券垫石，柱石上另设有匾额及龛，龛内的雕像多出自名家之手（见图4-47）。

古罗马时期，在大型建筑物中就采用巨大的混凝土拱作为屋顶，下部采用庞大的石柱墩以支撑拱顶，石柱墩称为"巨墩"。巨墩在以后的年代沿用下来，文艺复兴时期，多个教堂都是将巨墩立于一个大四方形的角上，上面支撑着四个发券（它们被称作腰箍券），四个发券封闭着一个正方形，在发券的四个角上构成了一球面的倒三角形（帆形），这些倒三角形在发券最高点的水平面形成一个封闭的水平圆环，在这个圆环上建造了一段圆柱形的圈，称为鼓座，鼓座的壁上可开窗孔，顶上覆以一个半球形的拱——穹隆（见图4-40）。

文艺复兴时期，柱子功能得到进一步发展，柱子成了建筑师最爱使用的"语言"，使用它不仅可以解决各种结构问题，而且从建筑艺术上可以达到较高的

图4-49 佛罗伦萨的米基阿府邸
（法恩扎）

境界，在实践中他们创造了很多具有时代感的新形式的柱头和细部（见图 4-50）。

早在古罗马晚期，柱子不仅用来承托额枋，还有不少柱子被用来承托半圆券，有时用它承托拱顶。开始时，建筑师们在柱顶安放了一个方形的檐部，再将几个券放在方形檐部上，也有将券放在一个简化的方形檐部上（它只保

图 4-50 文艺复兴时期的柱头

留了被简化的檐口与一小部分檐壁）。文艺复兴初期一直沿用这种做法，如佛罗伦萨的新市场（见图 4-47），因为只有这样才能保证券面的理想宽度，柱子直径也不用加大，当连续券最后使用了端头柱墩时，为了使券面在与其他券面相同高度处插入端头柱，在券面下边使用了扁倚柱，扁倚柱的厚度是由券面宽度来决定的，扁倚柱上下不收分，故下部宽度与上端宽度相同。由于端头柱墩要承受推力，同时有自己的稳定性要求，墩的宽度与厚度应有足够的尺寸，并接近方形，其尺寸远远大于中跨柱的断面，加上中跨柱与端头柱墩的檐部是一致的，连续券的墙必须采用双柱来支托，而柱顶上的简化檐口就统一处理成一块整石，称为券的垫脚石（见图 4-47）。在设计与施工中，建筑师必须系统地、有逻辑地考虑工程从总体到细部的石材加工，才能处理好柱子、券、券脚垫石以及上部檐部等几个部分的关系。

在 17 世纪的意大利建筑中，可以见到更加富有想象力的使用独立柱子的方法，柱子不仅用来承托券，还用来承托拱。在这种方法中，柱子顶部的四方形简化檐部承托着向不同方向发射的四个券，券的另一个腿支撑在另一个柱顶的简化檐部上，发券构成

一个正四方形，上面覆盖着一个十字相交拱。因此柱子上不仅交集了四个券脚，而且还有十字拱的四个脚（见图4-51和图4-52）。这种独立柱顶上支撑着一个方形的檐部，方形檐部应有足够的尺寸来满足坐落在它上面的券脚与拱脚。

图4-51 吉努叶的都拉卓宫的门厅

图 4-52 文艺复兴时的独立柱上发券支撑拱顶

2. 柱子

用人像雕塑作为柱子或用人像在柱子侧面作为装饰性支柱首见于古希腊时期，通常统称为卡立阿基达，但人像柱式是有专用名词的，女像称为卡立阿基达或哥拉，男像称作阿特兰特和第拉蒙，雅典的伊瑞克提翁神庙的卡立阿基达是最好的典范(见彩插7)。男像阿特兰特原建于奥林匹克席夫沙神庙（见图 2-1），以后古罗马时期人像逐渐转换成下部内收的墩子（见图 2-2）。文艺复兴时期，欧洲也有不少人模仿，将它用作柱腿、支撑或托石（见图 2-3、图 2-8 及彩插 26 ）。

重块石柱在法国极为人们所喜爱，这个手法也极为维尼奥拉所推崇，它多做成扁倚柱附于墙上，并按各种柱式加工，形成各种风格。17 世纪末，建筑师隆该那成功地将它使用在威尼斯的列卓尼各宫（见图 4-45），在佛罗伦萨使用得更多（见彩插 15、21 ）。在波隆那的皮未拉克伐宫也采用了这种手法（见图 4-44 ）。

用柱式来调整墙面的横竖比例的方法：当柱子立于窗间墙壁上时，柱子就已将整个墙面的比例进行了划分。而柱子的中轴线间的距离，取决于窗间墙壁中心轴线间的距离，如果这个距离较宽，罗马柱式间的柱距（宽）与柱高之比就不能形成2∶3的最佳比例。这种情况下，只有使用了双柱才能使柱间空间的高宽比为3∶2。当窗间墙宽与高的比例较窄时，采用单柱即可（见图4–45）。当窗间墙轴线间的墙的宽与高的比例稍宽时，可以采用双柱来减小墙面的宽度，使其达到良好的2∶3比例并在墙面上开窗（见图3–40）。当窗间墙轴线间的距离更大时，可以采用加柱，形成大小柱间距，使大柱距之间的墙面达到良好的2∶3比例并在墙上开大窗，在小柱间距之间的墙面上开另类的小窗户及高窗（见图4–44和彩插17、21）；在其上设置边框线脚和浮雕（见彩插19、25），如米兰的凯旋门及威尼斯教堂；在小柱之间的墙面上作框边线与浮雕或挖一个壁龛放人体雕像（见彩插18），例如威尼斯的圣马可教堂敞厅（圣索维诺）。在建筑的转角处为了解决端部推力的问题，本来就需设置较宽的窗间端墙与双柱，这样自然也取得了良好的稳定感（见图4–45、图3–39）。

16世纪，建筑师米开朗基罗和帕拉第奥采用了跨两层或三层的"巨柱式"柱子和扁倚柱的垂直划分形式（见图3–37、图3–38），摒弃了传统柱式每层用檐口等线脚来作横向划分、使柱子只有一层高、使柱间墙面宽高比例很差的做法，将柱式的设计推向了另一个高度。

（五）墙上部的结束部分

三角形山墙常用于两坡顶建筑物的两端或入口门廊处的两坡顶端头。三角形山墙应与建筑其他边的檐部相吻合，三角形山墙又被称为山花，在古希腊的建筑中，山花上布满了名匠之雕刻，山花墙面应与下部墙面吻合。三角形的两个斜边上为完整的檐口，有泪石与冠戴，下面的直线边只有泪石，未设冠戴部分，上部斜边的冠戴部分转向之后与纵向平檐口上的冠戴相接（见图3–21、图4–53上图），下部直边泪石转向之后与纵向平檐口上的泪石相接。

古希腊时期，建筑师喜欢在三角形山墙的两端及三角形顶上用大理石或陶器来做装饰，正中三角形顶端为忍冬草叶子被螺旋形涡卷托起的图案雕塑，两边檐部上为半个叶片与涡卷组成的图案雕塑（见图4-53），山墙顶上的装饰称为"阿克洛特里"，两边下部的装饰叫作"半阿克洛特里"，装饰的下部装有一个小平台，"半阿克洛特里"下小平台的垂直面与泪石的垂直面相吻合。当两端采用重量较重的人像来代替"半阿克洛特里"时，其小台的垂直面应后退，与檐部下部的额枋外皮持平、吻合（见图4-54和图4-55）。古希腊时还有在"半阿克洛特里"的位置放置一个"格里封"（一种有翅膀的兽类）、三脚鼎或烛台等雕塑（见图4-56）。后来，这些装饰及以后年代出现的花盆、安琪儿等雕塑在文艺复兴时期被各国广泛使用。

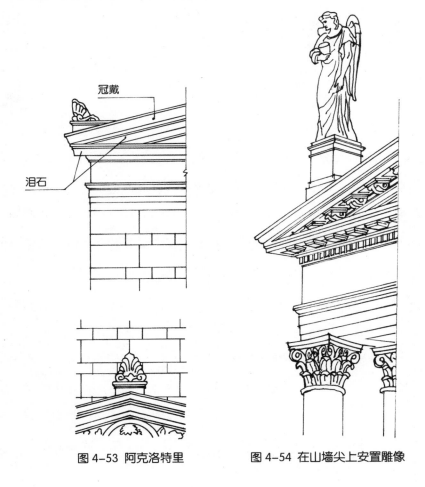

图4-53 阿克洛特里　　　　图4-54 在山墙尖上安置雕像

图 4-55 威尼斯的圣·刹卡里亚教堂的山墙尖
（隆巴尔第）

图 4-56 爱琴岛上神庙
的格里封

（1）弧形山墙的使用。弧形线脚由多个同心圆弧画出，像一张紧绷着的弓，故也称作弓形山墙（见图 4-57）。弓形山墙的曲度最小就是半圆形，半圆形山墙是将半圆形部分放在檐口上的（见图 4-55）。弧形山墙也可以做成椭圆形或长圆弧线，装饰半圆山墙顶端的母题是忍冬草与玫瑰花，山花面上常常填满各种装饰品，并用框边线脚镶框，它不属于古典做法，但在文艺复兴时代使用较多。

（2）原凸山墙的使用。按照传统做法，如果墙体的前面设有扁倚柱，檐部（额枋、檐壁、檐口）应放在扁倚柱上。厚凸山墙采用另一种做法，当墙前立有扁倚柱时，不是将檐部置于扁倚柱上，而是将檐部放在后面的墙体上，弧形山墙落在后墙的檐部上，与下部墙面吻合，直接把山墙的重量传到下部墙体上。另外，扁倚柱的柱头上仍按檐部的划分处理，向前、左、右三个方向外突，形成两个角及左右两个侧面。而弧形山墙顶的泪石是放在扁倚柱顶的檐部上的。冠戴部分是与平檐口的冠戴部分连成一体的（见图 4-58 中 A-A 剖面，图 4-59 中 B-B 剖面）。

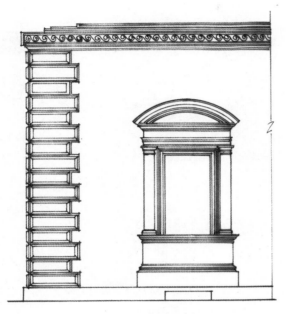

图 4-57　弓形山墙

图 4-58　厚凸山墙

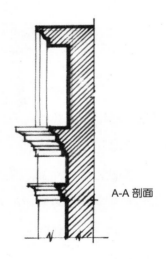

A-A 剖面

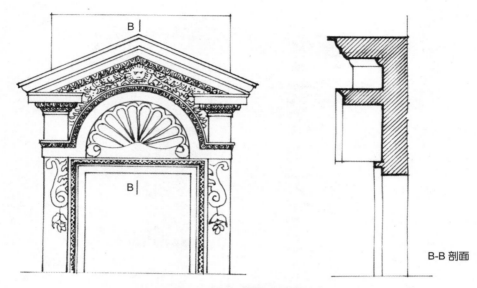

图 4-59 都灵的凡林第诺宫的窗子

（3）中断山墙（见图 4-60）的使用。将弧形山墙上切开一个口，直到下面檐部，口中间安排徽章。

图 4-60 中断山墙

厚凸山墙与中断山墙为文艺复兴后期出现的，它们不是古典风格，只是一种艺术潮流和倾向，较多用在巴洛克建筑上。

（4）夹钳山墙的使用。这种山墙只设两个斜檐口，下面不设水平檐口，纵向墙与山墙的连接处用壁柱将它们划分开，壁柱的顶上是檐口的收头处（见图 4-61），一般在山墙的斜檐部下设一个大的半圆窗。这种形式多见于北欧，那里雨雪多，建筑山墙的坡度更陡，更适合采用罗曼式与高直式山墙。

（5）女儿墙的使用。放在建筑物檐口上的墙称作女儿墙，起着栏杆的作用，起源于军事建筑的胸墙，它被大量使用到建筑物顶上是由于它具有三个功能：第一，它保障了在屋面上行走的安全；第二，它能挡住屋面的一部分，使屋面更丰富；第三，能把建筑提高一截，使其显得更高。女儿墙的高度一般不小于 1 米，下部设基部，上面设女儿墙上的檐口（见图 4-62）。

图 4-61 半山墙

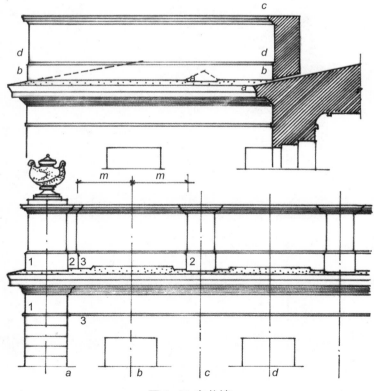

图 4-62 女儿墙

狭长的女儿墙容易显得枯燥、单调，故一般采用小墩柱来划分，墩柱的处理应与下部墙面协调，转角或端头墩柱宜采用重块石来作为结束，宜采用大墩柱及柱顶设装饰物强调它（见图 4-62）。女儿墙的进一步发展是在小墩柱间的间壁矮墙上的加工，或用凹雕，或采用透空栏杆来代替实墙，最后间壁矮墙只保留其基部与上部小檐（变成了栏杆的扶手部分）。在这个时期，无论是女儿墙还是栏杆，使用得最多的还是花瓶栏杆（见图 4-63、图 4-64 和图 4-65），有时也使用带浮雕实板的女儿墙（见图 4-66）。

图 4-63 栏杆式的女儿墙

文艺复兴晚期，尤其是在法国，有使用铁栅栏代替石材栏杆的，不过这种栏杆更多的是被使用到平台、阳台及楼梯上（见图 4-109（p155）和图 4-110（p155））。在文艺复兴中期，栏杆或女儿墙被广为推崇，当时的建筑师感到严实的檐口和女儿墙与光亮透明的天空对比太强烈了，缺少一个中间的过渡，采用这种栏杆式的女儿墙后可以软化这种生硬的连接关系，使其和谐。有的建筑物还在女儿墙的墩柱上放置花盆与雕像（见图 4-64）来美化这条生硬的天际线。不过在这里要强调的是，花瓶栏杆也是极富有个性的，它是与各种柱式配套的，使用时应与墙面上柱式的风格相协调（见图 4-107（p154））。

图 4-64 姆基·巴巴祖立宫的主要大门
（马蒂阿·吉·洛西）

121

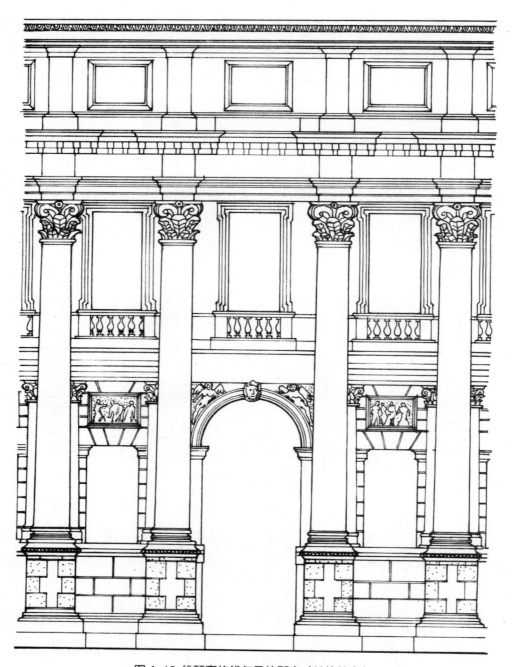

图 4-65 维琴察的伐尔马拉那宫（帕拉第奥）

图 4-66 罗马的君士坦丁堡凯旋门

　　檐上壁的出现与使用如下。在檐部上再设一段较高的墙体，起源于更早的古罗马时期。罗马帝国的执政官们打了胜仗，为标榜他们的功劳，建造了多个凯旋门，当他们完成以经典柱式为法则的凯旋门时，总觉得顶部不够高，于是又在檐部以上加设了一段高墙（见图 4-66），其形式像升高的女儿墙，还有自己的檐口与下部的勒脚。但尺寸比一般的女儿墙高得多，上部有扁倚柱，又用框边线脚将墙面装饰起来，上面刻满了华丽的表彰题词与浮雕，在檐壁之下为相应高度的基座与间墩，间墩上放着雕像，雕像被后面的檐壁墙与扁倚柱很好地衬托出来。基座部分做得很高是合理的，因为当人们站在凯旋门下往上望时，由于下部柱式檐口挑出较长，会对基座形成视线遮挡，当基座部分较高时就会避免这种情况发生。檐上壁的顶部用水平线脚作为结束。有的凯旋门还在檐上壁顶上设置复杂的群雕像（见彩插 11）。

　　当檐上壁做得很高时，可以做成附加阁楼层，需要时可以在檐上壁上开窗采光与

图 4-67 维琴察的特也涅宫（帕拉第奥）

图 4-68 罗马的翡冷翠·阿克法喷泉建筑

通风。在文艺复兴时期，这种阁楼形式曾被少量地、谨慎地使用过。后经帕拉第奥的进一步探索，就被大量地使用到很多建筑上，形成了自己的规则（见图 4-65 和图 4-67）。在文艺复兴后期盛行巴洛克风格时期，追求盛装与雄伟成了时代的潮流，更促进了檐上壁的进一步发展，檐上壁的尺寸超过了古罗马时期，在其上还加设了栏杆与间柱以及头部装饰（见图 4-68 及彩插 18、20、22、23、27）。

四、窗户

为了满足房间的采光与通风需要，就要设置窗子，习惯上将窗子外的各种装饰及与窗子有关的配件与窗子一起称为窗户，窗子所指单一，窗户所指范围较宽。窗子下沿在窗内的部分称为窗台板，有木质、石质之分，窗子上面及两边的侧壁称为筒子板，转到内墙面上的称作贴脸，在实际工程中多用木质材料。窗子的室外部分下沿称为窗盘，其材质与外墙的装饰材料有关，应向外下倾斜，利于雨水排除。窗台板与地面之间的墙体称为窗下墙，也称为"槛墙"，窗下墙处墙体的厚度可以减薄，以安置取暖设施。窗子上端与它上部的过梁及拱券有关，有时还取决于楼层与窗高的关系。两个窗子之间的墙称为窗间墙，在文艺复兴时期，窗间墙的宽度大于窗子本身的宽度，甚至达到窗子宽度的 1.5 倍，在宫殿类建筑巨大的门厅中，有时将窗子的下槛一直落到地面上，称为落地窗，有时将落地窗作为门的形式，在外面做栏杆，宛如阳台（法国阳台）；也可将窗下墙抬高，下面可以过人，称为高窗；也有将墙面的上下都开窗，中间有一段墙体，称为双光照明；将两个或两个以上的窗子集合在一起，中间隔以柱或墩柱形成一个完整的组合，称为组合窗。在墙上安置窗子的方法非常多，可以等距离设置，也可以按照一定的规律来排列。当在多层楼的墙面上设置窗户时，应把它们放在同一垂线的不同楼层上，上下对位。窗子从外形上可分为单一窗或组合窗，从窗洞口的形状上可分为长方形窗、半圆额窗、圆形窗及它们的若干变体，窗台高度为 80 厘米到 1 米。

（一）古希腊、古罗马时期遗留下的窗户

在古希腊时期，就出现过一种有贴脸、有檐口的窗户，以后又在这种窗户的两边增加了托石，使檐口挑出加大。这种窗户保留在伊瑞克提翁神庙中（见图 4-69）。

图 4-70 中的窗户为现今罗马城附近第伏尔的维丝达神庙遗留下来的古罗马时期的窗户。窗洞外四周围有贴脸与副贴脸，窗边贴脸的上下左右四个角上的贴脸与副贴脸向外凸出，叫作小耳，檐口直接立于

图 4-69 希腊桑特利克和贴脸的细部

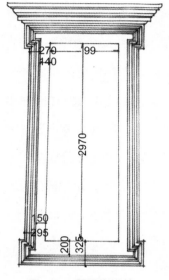

图4-70 罗马附近第
伏尔庙宇的窗子

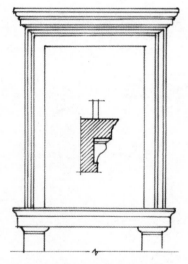

图4-71 罗马的维阿·朱理阿
的房子上的窗子

上部贴脸之上。图4-71的窗口是在文艺复兴时期建筑师在学习了维丝达神庙的窗户后再创造的一种有贴脸、檐口的古典窗，它被用于罗马的维阿·朱理阿的房子上。

（二）文艺复兴时期的窗户

文艺复兴时期出现了多种窗户形式，使用最多的是长方形窗。在古典建筑中，常见的窗洞高与宽之比为1.5：1或2：1，也就是在窗洞中可以画出一个半或两个内切圆，对于半圆额窗，高宽比也是如此。

1. 简单样式的长方形窗户（直角方额窗）

最简单的窗户形式是在完全平滑的墙面开口，除窗口下沿外没有任何细部设计，窗口下沿通常用很小的简单小檐口装饰起来，称为窗盘。这些小檐微微地向下倾斜，有时将小檐延伸至整个建筑外墙，为了使小檐挑出得远一些，常常在它的下面做一组小小的檐下托或两块挑出的石块（见图4-72中的A），由于窗台板是对外倾斜的，因此小檐口两端侧面上也出现了斜面及斜线并相交在窗口的直线上（见图4-72细部）。

图4-72的B中，窗下外墙凸出墙面，做成了窗下墩座，当将它与柱式基座比较时，就能找到很多共同点，在图4-72的B中只是墩座的大体积描绘，在实际的工程中要增加很多各种柱式基座使用的线脚。

这种窗下墩座只立于窗口之下，由于有了窗下墩座，窗户的高宽比在视觉上有了改变，给人感觉窗户的高度比实际高。

图 4-72 的 C 中，在窗口的上、左、右三个方向上增加了贴脸，窗下檐口及墩座也随贴脸增加而加宽，横跨在窗口上的贴脸更像额枋，而两边的贴脸类似发券的边框，所有贴脸上的线脚是一致的。券面是发券洞口的边框，而窗口贴面是长方形窗洞口的直角形边框，其本质是一致的，故贴脸的线脚与退台可以模仿券面的线脚与退台，只是比券面更简化一些。在文艺复兴时期，建筑理论家建议，贴脸的宽度可以按照窗口宽度的 1/6 来取值，不过在实际运用中应视具体的窗户立面方案来确定。这种窗口三面加贴脸的窗户，从视觉上已改变了原有窗口的尺寸与比例关系，使用时要注意。由于贴脸除了有宽度外，本身还有一定的厚度，故除了将支撑它的窗台檐口板加宽加大外，还应将窗下墩座也加宽加大，并向前突出，同时柱墩的两侧边线也应与贴脸外沿线对位。

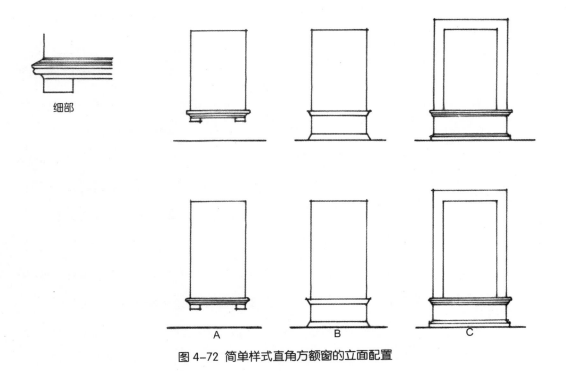

图 4-72 简单样式直角方额窗的立面配置

2. 复杂样式带檐口的直角方额窗户

这里的檐口称为桑特利克，见图 4-73 中的 D。这种窗户窗口边除了有贴脸外，其上部还加设了一个带檐壁的檐口，檐口下两侧有牛腿，使檐口挑出加大。窗口下设有窗下檐口板及向前凸出的两个小墩子，在小墩子之间的凹槽外墙面上，可以用框边线脚将它装饰起来，框边线为直角四边形或圆角四边形；也有在凹槽处的墙面上刻有浮雕栏杆，栏杆突出底板 1/2 或 3/4 的栏杆造型见图 4-73 D 及图 4-74 的窗下墙，图 4-73 中断面 PQ 为大形体贴脸示意，图 4-73 E 所示窗户的窗口上带有檐壁的檐口，檐口两边的下面设有托石，托石由正、反涡旋构成（见图 4-75），窗口左、右两边设有贴脸与副贴脸。窗口下部设有挑出较多的窗下檐口板，小檐下设有向前凸出的两个小墩子，在小墩子之间的凹槽墙面上用框边线脚装饰或浮雕栏杆装饰（见图 4-73 E），图中 MN 断面为贴脸与副贴脸处示意。

图 4-73 F 所示窗户窗上带有檐壁和檐口，檐口上还装饰着弓形山墙或三角形山墙，檐下有托石，

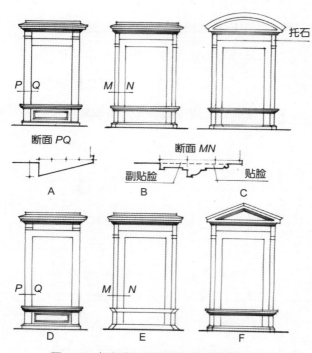

图 4-73 复杂样式直角方额窗的立面配置

托石由正、反涡旋构成，窗口左、右两边设有贴脸与副贴脸。窗口下设有挑出较多的窗下檐口板，檐下设有向前凸出的两个小墩子。在小墩子间的凹槽部分仍用框边线脚装饰或设浮雕栏杆（见图 4-73 F），MN 断面为贴脸与副贴脸处断面示意。

图 4-72 及图 4-73 是直角方额窗的大形体描绘，而图 4-74、图 4-75 才是它们的

细部描绘。

图 4-76、图 4-71 所示的两种窗户是文艺复兴时期，在古罗马时期留下的第伏尔庙宇的窗子的基础上（图4-70）再创造出来的形式。它被用在罗马的维阿·朱理阿的房子上。同样，模仿第伏尔庙的窗子也被用到帕拉第奥设计的维琴察的伐尔马拉官的二层上。

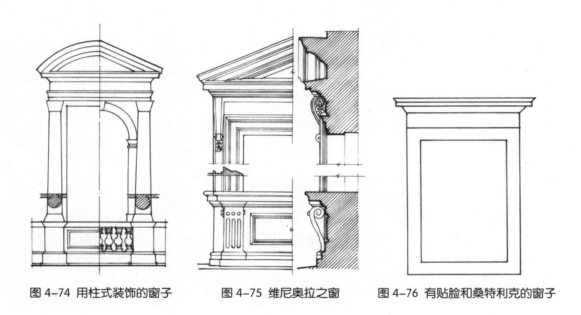

图 4-74 用柱式装饰的窗子　　　图 4-75 维尼奥拉之窗　　　图 4-76 有贴脸和桑特利克的窗子

（三）文艺复兴时期的半圆额窗

在纵向窗顶以半圆作为结束的窗子叫作半圆额窗，在这种窗洞中可以画出一个半圆或两个整圆，半圆额窗的外墙装饰方法与直角方额窗类似。

简单的半圆额窗的特点：围绕窗的上、左、右三个窗洞边上设有贴脸，窗口下有窗下檐口板，以支撑上部贴脸，小檐口下有两个小墩，在小墩间的凹槽墙面上做成边框线脚装饰，也可做成浮雕栏杆装饰，也有将小墩做成托石基座的。

有檐口的半圆额窗：在窗口外的上、左、右边上设有贴脸与副贴脸，并上至檐部，下至窗下小檐口板，副贴脸一般为贴脸的 1/3 宽。在副贴脸上做一任意水平线脚，可采用小圆线脚或阿斯特加尔线脚将副贴脸与檐部分开。檐部没有额枋部分，只有檐壁与檐口两个部分，檐壁的宽度与贴脸宽度十分接近，檐口的泪石与冠戴为直线。窗口上部贴脸可以与左右两边的贴脸连成一体，也可以按拱券形式处理。应将其置于拱券垫石上，拱券垫石的上皮应与上部半圆的圆心在同一水平线上。有时，也可将拱券垫石处理成柱头状，左右两边的贴脸可以是贴脸形式，也可以处理成简单的扁倚柱形式，如果按扁倚柱形式来处理，扁倚柱下部应处理成柱础，以此来作为柱子的完整结束。由于窗户的装饰配件比较纤细，故在扁倚柱的柱面上宜做框边线脚与浮雕来装饰。券顶两边的三角形墙面上可以做浮雕花饰，也可以做对称的圆形花饰。窗顶如按拱券形式来处理，还可以装上龙门石作为装饰，窗下檐口及柱墩的处理形式同图 4-73 的 D、E

图 4-77 罗马的冈且列里亚宫的
有阳台的窗子（伯拉孟特）

中的直角方额窗，下部为框边线脚或雕塑栏杆（见图 4-74 及图 4-77~ 图 4-79）。有檐口的半圆额窗又称为伯拉孟特窗，它是以人的名字命名的窗户。

图 4-78 伯拉孟特窗的变体

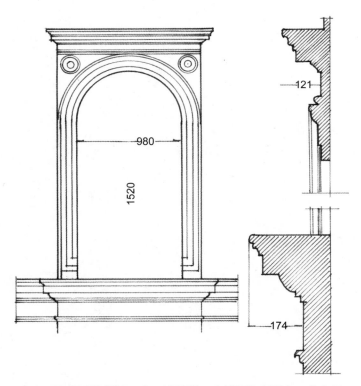

图 4-79 罗马的维阿·吉·达维诺·米基阿的房屋之一的窗子

采用柱式及山墙装饰的窗户（见图 4-80 和图 4-81），也是最复杂的窗户，它是用柱式柱子或扁倚柱来装饰的窗户。这种窗户是将窗下墙设计为基座，在窗口两边的基座上竖两根 3/4 柱（柱式柱或扁倚柱），柱子边线与窗洞口保持一定的距离，柱子的高度大于洞口高度，与洞顶券面等高。在柱顶（或扁倚柱顶）上安置有额枋、檐壁、檐口的檐部。檐部可以用水平檐口作为结束（见图 4-81），也可以在平檐口上再冠以弓形山墙或三角形山墙（见图 4-80 和图 4-74）作为结束。由于窗户绝对尺寸较小，故柱式应略加简化，不致使细部装饰显得烦琐，以至整体效果差。放在柱子下的基座必须向前凸出，可以采用两种方法来解决。当下面一层楼的墙比上一层厚时，基座就可以直接放在楼层间的横向檐口或是币边线脚上，楼层间采用横向线脚来对其进行划分、装饰（见图 4-81）；当下层墙与上一层等厚时，下部横向檐口或线脚宽度不足以支持上部柱体，就应该采取强固的托石及加挑檐来支撑这个基座（见图 4-80）。在柱子之间的墙面上采用框边线脚来装饰（见图 4-74 和图 4-82），这种窗在文艺复兴时的宫殿与府邸中使用较多。

图 4-80 威尼斯的多裁宫的院内立面上的窗子

图 4-81 圣索维诺窗

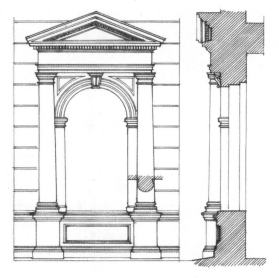

图 4-82 用柱式装饰的半圆额窗

　　佛罗伦萨窗是以地名而命名的窗户，在文艺复兴早期，在佛罗伦萨与波罗涅使用较多（见图 4-83、图 4-14、图 3-35）。这种窗最早在拜占庭（东罗马）时期的建筑中出现过，后又见于罗曼式、高直式和伊斯兰的建筑中。文艺复兴时期为众多建筑师所接受，成为古典建筑风格的一员。这种窗户的外墙多采用粗糙的天然石块砌成，所有窗户外形大致相似，窗口尺寸为长方形上加一个半圆，总高不超过两个整圆，半圆额窗口被狭长的贴脸围绕（贴脸宽度为窗口宽度的 1/6），贴脸被窗台下檐口板或线脚支撑着，贴面外为粗糙的天然重块石装饰的墙面。窗口顶为券面，由楔形石块拼砌而成，灰缝向券的圆心集中。正中一块为龙门石，通过大、小半圆的圆心的水平线也是券顶楔形石与重块石的相接线，即券脚。窗口下的檐口线脚延伸至整个立面上。窗洞正中立有一小柱，将洞口分成相等的两个部分，上部为两个半圆形的小发券，洞口之大半圆券与两个小发券之圆心在同一水平线上，两个小发券也各有一个小券面，它们一端立在中央的小柱顶上。大发券与小发券之间的面叫作"净板"，它上面或留有贴脸环绕的小圆洞（见图 3-35），或设置浮雕装饰，如盾牌或徽章图案。这种窗户称为子母窗（见图 4-14、图 4-83）。请注意，这种窗户装窗框与窗扇是比较困难的。

图 4-83 佛罗伦萨的斯特罗齐宫的窗子

（四）文艺复兴时期其他形式的窗户

文艺复兴时期其他形式的窗户有半圆窗、圆窗（牛眼）及圣索维诺窗。

（1）半圆窗。在半圆形拱建筑的两端或十字交叉拱的四个端头，在不受拱推力的端墙上设置半圆形的大窗户，窗口的直径较拱径稍小，如果窗口尺寸过大，就应采用两根细柱将洞口分为三个部分，有时将拱端墙做成三角形端墙（见图 4-84）。

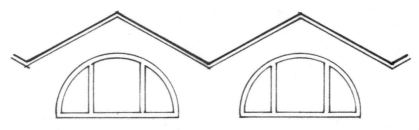

图 4-84 罗马的半圆窗

（2）圆窗。圆窗使用不多，通常尺寸较小，经常见的有两种：一种是围绕窗口设一圈贴脸，还有一种是将圆窗纳入一个正方形的框子中（见图 4-85）。在文艺复兴时期，法兰西的主要建筑常将椭圆形窗用于门上，或横放或竖放，法国人把这种窗子称为"牛眼"（见 4-85 右图）。

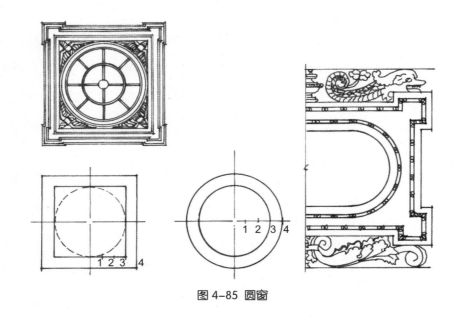

图 4-85 圆窗

（3）圣索维诺窗。它是以建筑师的名字来命名的一种由柱式与券组成的窗户，出奇的华丽和气派（见图 4-81）。窗洞口两边采用两根凸出墙面的 3/4 扁倚柱，上有檐部，并在柱顶檐部上发券，拱券垫石发展为一个小小的凸出檐部，檐部下安置着带有小凹槽的爱奥尼扁倚柱。券顶上为龙门石，上雕刻着人物头像或"面具"，在两边净板上安置着雕刻有天使或精灵的浮雕像，窗下柱墩间的墙上做成阳台状，上刻有突出 3/4 的宝瓶状栏杆或浮雕石板（见图 4-45）。

（五）复合窗

将两个或者三个窗洞统一在一个完整的装饰母题下的窗户称为复合窗。

1. 由长方形窗组成的复合窗

当要求大的采光面积，窗口为方形或扁长方形时，为了受力，也为了保持每个窗洞有良好的比例，需要在窗洞中间设一个小墩柱形成双孔或设两个小墩柱形成三孔的

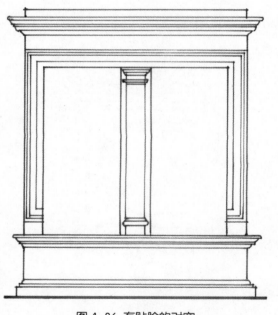

图 4-86 有贴脸的对窗

窗。小墩柱前面应加设一根微微凸出的扁倚柱，扁倚柱有柱头、柱身、柱础。这种窗有两种处理方式：一种是将洞口的上、左、右三面处理成贴脸的形式，在窗洞上面的贴脸上，增设檐壁与檐口，在左、右贴脸及中柱下做一个统一凸出的窗下檐板及基座（见图 4-86）；另一种做法是将左、右两边的贴脸改为扁倚柱，将窗洞口上部的贴脸改为额枋，将上部处理成为一个完整的檐部。窗口檐板下可以处理成一个统一的基部，也可以处理成三组

托石（见图 4-87 和图 4-88）。图 4-89 中三联窗的中间窗口比两侧大一些，窗户中间的窗洞做得更像阳台门，将中间部分的窗口下檐及墩柱都做得向外凸出，并加了两个

托石，像阳台一样，在正中的平檐口上加设了三角形山墙，强调了中间窗的重要性。三联窗的每个窗洞口应比两联窗的每个洞口更窄一些，这是因为要控制三联窗的总宽度。

图 4-87 有扁倚柱的对窗

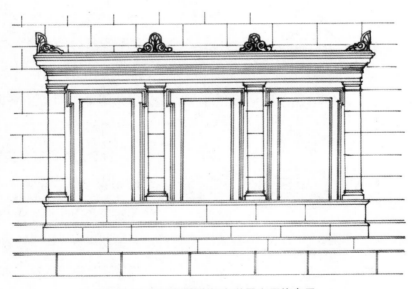

图 4-88 彼得堡的埃尔米塔日大厦的窗子

137

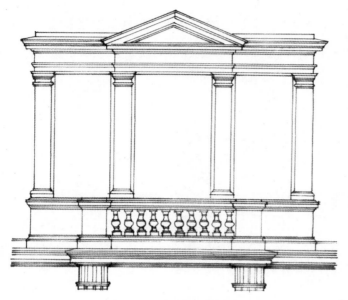

图 4-89 有阳台的三联窗

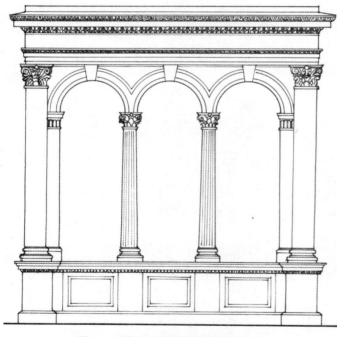

图 4-90 有柱子和扁倚柱的三联券窗

2. 半圆额带券的几种组合窗

（1）上部为平檐部的三联半额圆窗。窗洞口中间设有两根小柱，洞口两边为两根 3/4 偏倚小柱，券直接落在柱头上，券上部正中为龙门石，下为窗檐及窗下墙，窗下墙上微微突起四个基座，凹入的柱间墙上做边框线脚装饰，窗户的两边为两根大的出墙 3/4 的偏倚柱，柱顶上为一个完整的檐部，柱下为一完整的基座（见图 4-90）。图 4-91 为威尼斯的圣洛各学校的复合窗。它由两个窗洞、三根柱子组成，每窗上发一个券，券上为一个统一的檐壁与檐口，檐口上有统一的三角形山墙，窗口下檐板放在三个牛腿上，整个复合窗造型优美，比例良好。

（2）帕拉第奥三联窗（见图 4-92）。它由一个大的半圆额窗子和支在拱券垫石上的券及券面所组成。拱券垫石做成了檐部状，从中间窗洞伸向了两边重块石墙端，每边檐部由两根扁倚

图 4-91 威尼斯的圣洛各学校的复合窗

柱支撑着，一根是柱，一根是半柱，都突出墙面 3/4 柱。在主窗两边，由扁倚柱与半柱围成两个不宽的长方形窗，其高度略小于柱高。长方形窗的顶檐之上，中间大窗券面的两边或为两个小方窗，或为两个小圆窗，也可采用框边线脚或浮雕装饰这两块墙面。扁倚柱下为统一的窗下檐，檐下为突出的扁倚柱基座墩与窗下凹墙，它们坐落在一根凸出于墙面的横檐上。凹墙上以框边线脚作为装饰。

（3）巴卓·达尼奥罗窗（见图 4-93）。它是帕拉第奥窗的变体，是由半圆额窗和支在拱券垫石上的半圆券及券面所组成。拱券垫石做成檐部的样子，从中间窗洞伸到两边端墙上，每个檐部由一根独立小柱及一根扁倚柱（半柱）支撑着。下部由统一的窗下檐及窗下墙支撑着。在半柱外又设两根扁倚柱，柱顶上顶着一个大券，大券与窗洞的半圆券为同心圆，圆心在扁倚柱顶及内檐口连线正中，在两个券之间形成了一个半圆

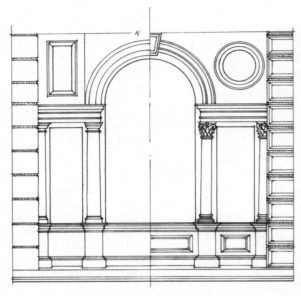

图 4-92 帕拉第奥三联窗

图 4-93 佛罗伦萨的末基阿宫的窗子
（巴卓·达尼奥罗）

弧形的透空间隙，这个空隙被安排了十块楔形石块，构成了九个空隙。窗口的两边安置了两根大扁倚柱，柱顶顶着一个完整的、丰富的檐部（额枋、檐壁、檐口）。此窗建于16世纪，用于巴卓·达尼奥罗在佛罗伦萨建造的未基阿宫。

五、门、大门及门廊

门分为内门与外门，内门指一栋建筑中的各个房间的门，而外门则是指一栋建筑对外部空间的出入口。门的尺寸首先取决于进出此门的人的高度，要满足人们出入门洞的需要，一般内门是以此来确定的。但建筑的大门的高度与宽度不仅要满足人的高度要求，还应与整个建筑的外部体量及高宽相协调，如果未考虑后者或者考虑不周，不管是古典建筑还是现代建筑的大门都会显得小气可怜，也可能大而不当，与整个建筑不协调。大门除了过人外，还有其他的功能，如古罗马时期官殿院子的大门都开得很宽，是因为除了供人出入外还需要过马车。而古希腊与古罗马庙宇将庙门做得很大，是因为庙宇中供奉着很大尺寸的各种神的塑像，门前的祈祷者与仪仗队的成员在祈祷与经过大门时，需要瞻仰神殿的诸神仪容。这个时期的大门高宽之比为 2：1，由两个正方形构成一个长方形。

（一）古希腊时期的大门

古希腊时期的大门（见图 4-69 和图 4-94）与窗，无论在比例上还是装饰上都极其相似。门洞口两边向下不是垂直的，而是加宽的斜线，并设有门槛，门洞口左右及上面都设有贴脸，洞口两边的上部设有固定的很牢的托石，以托住上部檐口，檐口的形式非常简单，采用强有力的枭混线脚，斜面上做满了螺旋纹和忍冬草花饰，檐口下无檐壁部分是直接放在门洞口上部贴脸上的。贴脸的线脚由两部分组成，一部分是宽而平的长条，上面稀落地刻着圆形的玫瑰花饰，另一部分是层层跌落的很陡的斜面，上面刻有很细的小线脚。

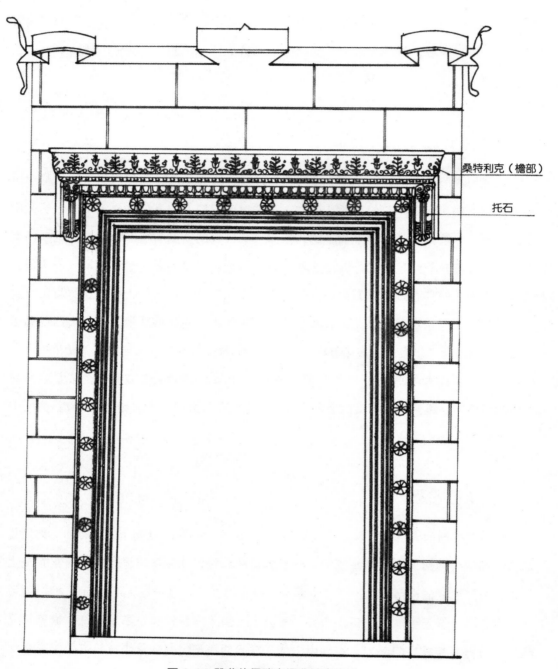

桑特利克（檐部）

托石

图 4-94 雅典的伊瑞克提翁神庙的门

（二）古罗马时期的大门

古罗马时期的大门（见图 4-95 和图 4-96），其装饰比希腊时期的大门丰富得多，且非常多样化。图 4-95 为潘泰翁神庙的庙门，以其精美绝伦而著称，其影响一直到 19 世纪，并为以后的多个建筑师所模仿。大门的整个组合体为一个大长方形，它的高宽比例近于两个正方形组成的长方形，门洞上方及左右两边为贴脸，在贴脸上放着平滑的檐壁和有装饰线脚的檐口。巨大的门洞被划分成上下两个部分，下面为门扇，上部是亮子，上下比例为 1：2，亮子上满饰鱼鳞状的青铜窗棂。在门贴脸内门框两侧立着两根罗马陶立安柱头和阿蒂克柱础的扁倚柱，柱身上刻有凹槽装饰。在两根扁倚柱之间为一双扉的门，门板为青铜质，加工成长方形，门扇上以圆形门钉来装饰与加固，亮子与下部大门之间设有条形大梁，两个柱头之间设有一横梁。古罗马建筑的大门以宽大的贴脸、厚重的檐口而显得雄伟壮观，又以装饰之丰富形成特色，有时虽然装饰十分豪华，但它们与整个建筑物配合得十分默契、十分协调。这是因为大门的装饰与配件使用了与整个建筑一致的装饰与配件元素作为母题，在其基础上进行变化与组合，绝不随便加入其他新的设计元素及装饰元素。

（三）文艺复兴时期的大门

文艺复兴时期的大门是多样化的，它们都是建筑师在学习与借鉴了古罗马时期的大门后再创造出来的。

有贴脸与檐口的长方形大门经常被采用，但门框贴脸及檐部的图案与线脚不断被更改与创新（见图 4-97）。

由维尼奥拉大师创造的大门（见图 4-98），门洞的上面及左右两边都有贴脸与副贴脸，副贴脸的两边上部做了个巨大的托石，以顶住上部檐口，檐口与贴脸之间留下了光滑的檐壁，它借鉴了罗马附近古罗马时期的第伏尔庙宇的窗子（见图 4-70），但比其更合理，也更美丽。

图 4-95 罗马的潘泰翁神庙的门（图中尺寸为实测英尺，1 英尺 =0.3048 米）

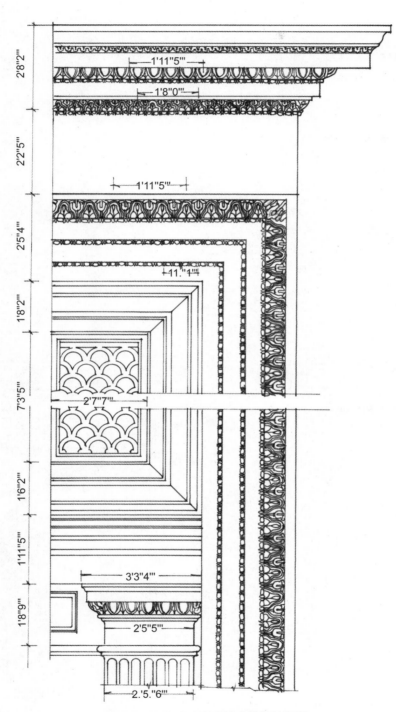

图 4-96 罗马的潘泰翁神庙的门的细部

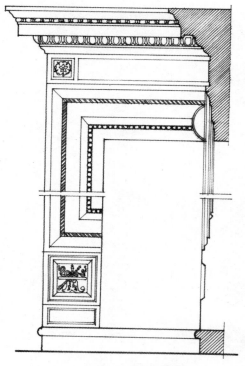

图 4-97 有贴脸和桑特利克
（檐口）的门

图 4-98 有贴脸、副贴脸和桑特利克
的门（维尼奥拉）

　　采用柱式（柱子与扁倚柱）的大门，可将各种柱式本身的性格（轻巧、雅致或庄重、严肃的性格）带到各种大门中，使大门具有设计者想表达的性格，还可以借助檐部上的栏杆山墙创造出华丽的大门立面，大门还可以与阳台结合起来，使大门的概念与感觉超出一层的范围（见图 4-99 和图 4-64）。

图 4-99 罗马的冈且列里亚宫的
门廊（伯拉孟特）

运用重块石来装饰大门，在文艺复兴时期非常普遍。当用重块石来装饰整个建筑或一层楼时，用重块石装饰门洞口与窗洞口差别并不大（见图 4-14、图 4-44）。我们现在提到的是另一种情况，当其他墙面为平滑面时，只在门洞四周采用重块石来作为装饰（见图 4-100），它的重块石非常醒目和精神。还有一种情况是采用重块石做成柱子或扁倚柱身时，其柱头与柱础仍采用各种柱式原有的风格与做法。如采用重块石来做发券，越靠近龙门石处，其块头也越大，有时，甚至将龙门石块嵌入檐部，直至檐口的挑出部分（见图 4-101 及彩插 15）。

图 4-100 罗马的斯巴达宫的门（马卓尼）

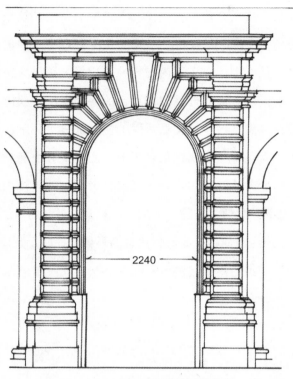

图 4-101 罗马的小斯巴达宫的门

六、阳台与栏杆

（一）阳台概述

在古希腊与古罗马时期是没有阳台的，直到文艺复兴时期，建筑物上才出现了阳台这种构筑物，它们被安装在大门上或者落地窗前。阳台是采用托石来支撑在托石上搭建的平台，托石的数目决定了阳台的长度，如果需要也可以在建筑物的转角处设置转角阳台。

阳台由托石、平台及栏杆三部分组成，图 4-102 为当时的一个典型阳台，由于当时没有钢筋混凝土结构，阳台本身的自重及人载是通过托石传到墙体上的，托石伸入窗间墙中，平台、栏杆及人载压在托石上，使托石产生了弯矩，这个弯矩通过垂直墙体及上面楼层的重量得到了平衡，故阳台的挑出长度受到以上条件的制约。平台板应有足够的厚度，应较楼层低一点，或在室内交界处设门槛，平台应与楼的装饰檐口或腰带线脚协调，并与其线脚与装饰有连贯性。平台的底面用框边线脚装饰起来，在三个边上设有滴水槽。栏杆种类多种多样（见后面的栏杆部分），阳台的角上设有墩柱。托石为垂直的平石板，上皮平整，托住阳台平板，侧面刻有由两个旋涡组成的美丽曲线，一个向内旋转，一个向外旋转，当阳台挑出较大时，就应该采用复合托石了，托石的装饰更加丰富与细致，其做法与图4-6的檐口相似。阳台的第二组成部分是栏杆，栏杆不仅用在阳台上，还经常使用在建筑物的室内外各处，如女儿墙栏杆、楼梯栏杆、桥栏杆、构筑物栏杆等。我们将重点讲述它的发展及近代一直沿用下来的石质栏杆与铁质栏杆。

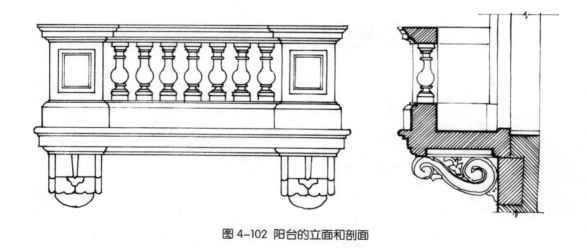

图 4-102 阳台的立面和剖面

（二）栏杆的使用及发展

古希腊时期没有任何栏杆保存下来，可以推断当时的栏杆是用木材料加工的，以至于难以保存到现代。古罗马时期的栏杆是用大理石加工而成的（见4-103），它还明显

地显示出其起源于木质栏杆的特征。文艺复兴时期，在各地的建筑上使用了多种石质
与金属的栏杆，在文艺复兴时期的早、中、晚期，栏杆的风格与形体各不相同。

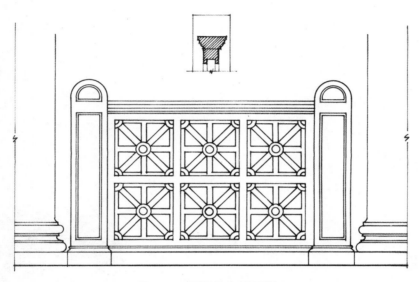

图 4-103 罗马的大理石栏杆

　　文艺复兴早期的石质栏杆特点如下。图 4-104 为佛罗伦萨的庇蒂宫檐口上的栏杆，
由建筑师伯鲁尼列斯基设计。檐口上设有多个墩柱，墩柱之间有四到五个栏杆柱，柱
子上放着有线脚的石质横梁扶手，栏杆柱为细小的爱奥尼柱，有柱头、柱身、柱础，
柱身上还刻有凹槽。图 4-105 为建筑师隆巴尔底设计的威尼斯文特拉明宫中的阳台栏
杆，它由装饰华丽的墩柱和科林斯式栏杆柱组成，科林斯式栏杆柱有完整的柱头、柱
身与柱础，上部的扶手横梁被设计成科林斯式栏杆柱式的檐部。文艺复兴早期的栏杆
多是模仿柱式，只是将柱式等比例地缩小做成栏杆，虽然它们的风格与整个建筑的风
格是协调的、吻合的，但由于其尺寸很小，装饰又复杂，更像木制品，感觉并不好，
看起来不舒服。

　　15 世纪时，建筑师巴绰·平杰里在罗马的圣·玛利亚·波波洛教堂设计了另一种

栏杆（见图 4-106）。这种栏杆的墩柱与栏杆柱基本上没有留下柱式的痕迹，它使栏杆初步摆脱了柱式规则带来的尺度十分尴尬的局面，但它又陷入了十分像木制品的境地，当用到室外环境时，显得十分纤细。

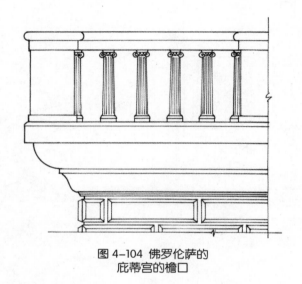

图 4-104 佛罗伦萨的
庇蒂宫的檐口

图 4-105 威尼斯的文特拉
明宫的阳台（隆巴尔底）

图 4-106 罗马的圣·玛利亚·波波洛
教堂的花栏杆（巴绰·平杰里）

　　文艺复兴盛期，终于创作出花瓶栏杆柱及与其配套的墩柱，这种形式被公认为古典建筑中最成功的栏杆形式并一直被沿用下来，至今一直用在表现古典风格或折中主义风格以及新古典主义风格的建筑及园林、环境设计中。这种栏杆与柱式毫无共同之处，又远离了木构造的痕迹，但在墩柱的外形、扶手横梁上，保留了柱式的基座的线脚与设计规则，故使它们很容易与古典建筑的风格相协调一致，更容易融入古典建筑的各种群体中（见图 4-107）。创造一种优美的栏杆样式是极不容易的，这是建筑形式设计中最难解决的问题之一。因此必须探索寻找到一种造型与线条，不使栏杆柱太细，又不至于肥笨，并要找到栏杆柱本身美丽的轮廓及空隙的美，因为这种轮廓对空间艺术效果的形成起着重要的空间艺术效果作用，当栏杆以天空为背景时，或以绿荫为背景时，或以蓝色的海洋为背景时，它们都能映衬与衬托出栏杆的美丽，当栏杆在明亮阳光的照耀下，它将使得整个建筑物或群体的轮廓显得更加生动与美丽。在栏杆的墩柱上可以安放花盆、人像、方尖碑、三角鼎、灯架和烛台，这种栏杆可以使用到室外景观中。各种柱式有不同的风格，与之匹配的栏杆也随柱式风格而各有所异（见图 4-107）。在实际设计中，要注意栏杆的各种配件的比例、组合及制作原则，当把栏杆装在楼梯边上时应做到一步一个花瓶栏杆柱，如果由于踏步宽度变化出现栏杆柱太稀或太密时，应在踏步边上另加一个斜面，在斜面上安装栏杆柱。栏杆柱造型并不局限于花瓶状外形一种，还有多种变体，如中间为一个正方体的花瓶状栏杆柱（见图4-108）。还有将栏杆柱做成图案式的栏板等，因为这种栏板使用不多，不再介绍。

在文艺复兴时期的法国，出现了不少金属栏杆，这种栏杆成为法国古典建筑的一种标志性构件，一种风格的代表，后来又被欧美各国普遍使用。当时这种阳台栏杆一种是纯铁艺的栏杆（见图4-109），一种是与石材连接的铁艺栏杆（见图4-110）。

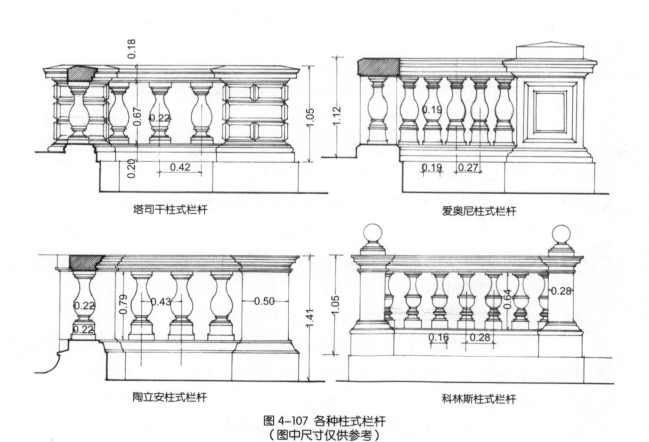

塔司干柱式栏杆　　　　　　　　爱奥尼柱式栏杆

陶立安柱式栏杆　　　　　　　　科林斯柱式栏杆

图 4-107 各种柱式栏杆
（图中尺寸仅供参考）

图 4-108 花瓶栏杆的变异

图 4-109 法国文艺复兴时期的铁艺栏杆

图 4-110 法国文艺复兴时期的石柱铁艺栏杆

第五章

欧洲古典柱式与建筑"文脉"在当今建筑设计中的接续与再创造

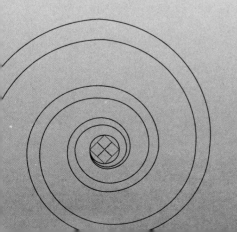
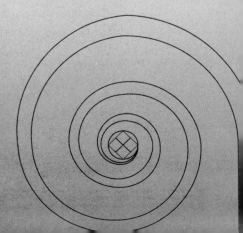

现在是 21 世纪，离 1919 年的欧洲新建筑运动已近 100 年。在这 100 年中，世界的建筑业得到了巨大的发展。随着科学的发展，审美观念与视角也发生了巨大变化，对传统美的理解与接受也随之改变，再去抄袭与模仿"古典柱式与建筑"已是十分可笑的事。

在当今的建筑设计中，人们已不满足缺少传统、缺少民族性与地方性的"现代主义"国际式建筑。人们回味欧洲古典柱式与建筑的精美，又渴求当今建筑应有的现代功能。满足新的审美观及现代生活功能的建筑，如何接续古典建筑的"文脉"成了当今建筑师的一个重要课题。目前，中高层建筑的底层与多层建筑中多采用"新古典主义"风格，盛行于我国，且多采用英伦式、法式、西班牙式。它们在现代功能的平台上，追求古典建筑的经典构成，强调三段式纵向划分，追求古典建筑的神似与一脉相传。采用现代的建筑材料（各种金属板、型材、玻璃、塑料）与精细加工的配件来演绎新的古典主义，与 19 世纪、20 世纪初的"新古典主义"建筑已有很大的不同。在对传统建筑"文脉"的接续上，十分重视整体到局部的比例关系与协调性，对拱券、门窗合理地进行划分，对基座、腰线、檐部、屋顶进行简化与重新创造标志（Logo），雕塑按现代审美来创新。它延续了古典建筑传统的形式美，又体现了现代建筑的功能，对古典柱式与建筑不是简单的模仿与抄袭，而是"文脉"的延续与再创造。

在高层建筑中，ArtDeco 风格在建筑创作中由于它的包容性、装饰性、灵活性及强调现代生活，为大家乐于接受。在建筑设计创作中，ArtDeco 风格兼容性极强，"古典柱式与建筑"、"哥特式古典主义"题材都可以作为创作灵感，其强大的包容性使它具有了超越时空的艺术生命力。将古典元素进行变形、重组、几何化而成为时尚的现代艺术形式。在高层建筑立面处理上，仍沿用古典建筑基座、主体、顶部纵三段的划分手法，对古典柱式、拱券简化、几何化、变形，将这些古典配件变成摩登、时髦的现代装饰构件。强调使用现代金属、玻璃、塑料来装饰柱式、拱券、屋顶等配件。它的下部多用壁柱，拱券及现代的门窗组成 ArtDeco 风格的裙房。上部为突出金属结构竖向线条装饰，常采用折线形 ArtDeco 退台方式，注重高层部分顶部的处理，同时对檐部、腰线进行简化，图案与雕塑趋向几何图形与变体，使整个建筑既传统又摩登时尚（见彩插42、43、44及本章第二个实例）。在当今的高层建筑中，也有将商业裙房部分按"新古典主义"风格来设计，而高层部分完全按"现代主义"风格设计，高层与裙房只在色彩与材质上相呼应。另外，"后现代主义"也十分重视在"现代主义"风格的建筑中突出历史的再现，比如建筑符号，利用建筑的比例来体现历史特征与增强建筑的"文脉"感，但它们多是混合不同历史阶段的建筑因素或断章取义，混合拼接，目前我国认同者不多。

下面，展示澳大利亚柏涛（墨尔本）设计公司深圳办事处设计的两个实例，来说明在现代设计中对"欧洲古典柱式与建筑"文脉的接续与做法，供读者参考。

一、大连星海湾壹号项目

　　本项目位于辽宁省大连市星海湾畔，南侧为一望无际的渤海。大连是一个历史悠久的城市，远在清朝晚期就接受了欧洲的文化与古典欧洲建筑形式，柏涛公司选择了英伦乔治风格的新古典建筑，低层建筑为坡屋顶，坡度37.5°，墙身为米黄色干挂石材。会所采用对称平面，屋顶为英式板瓦，大的屋顶上开老虎窗，外墙以涂料与重块石装饰，突出古典建筑风格，檐部采用简化的欧式檐部，门窗洞口采用小弧度拱券及百叶窗。别墅强调古典建筑特征，采用分层平面退台，使建筑形体丰富美观，建筑外墙采用挑出不同大小的檐部腰线，线脚简化新颖，外墙与檐部采用干挂石材。建筑立面采取三段式划分，下部一层采用深色重块石，形成基座层。建筑外部配套的矮墙、花台，采用古典造型与风格，使别墅既呈现出现代风格，又接续了古典建筑的韵味。

总体鸟瞰图

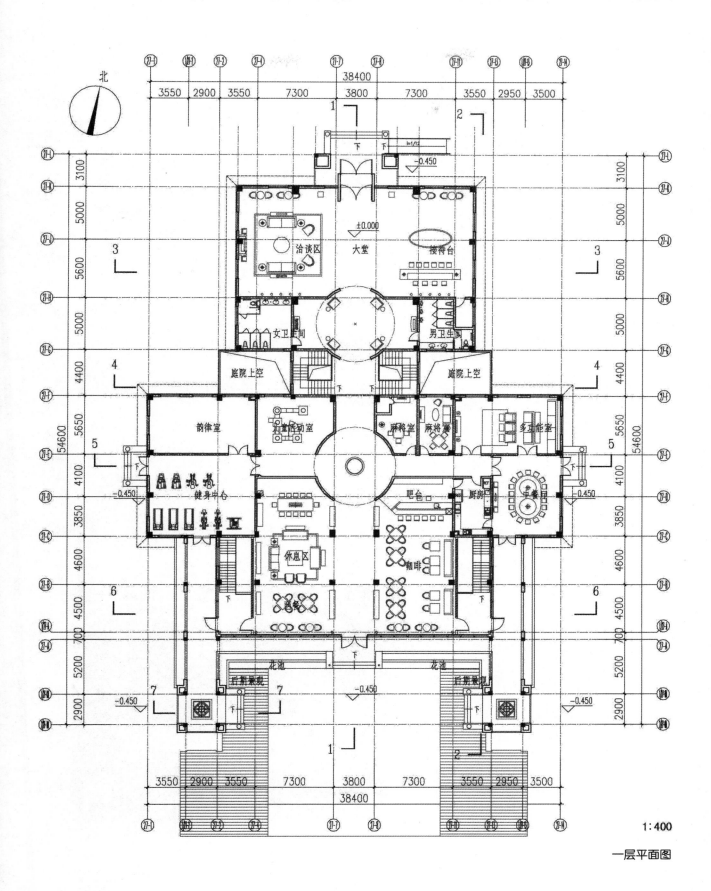

1:400

一层平面图

161

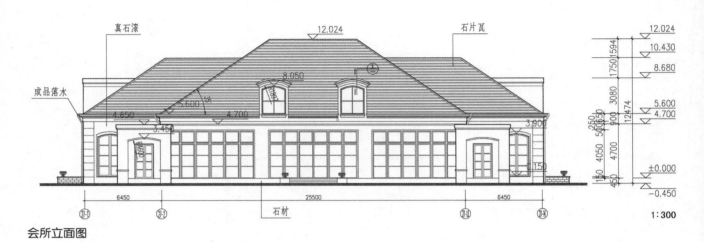

会所立面图

1:300

真石漆

12.024

石片瓦

成品落水

4.650

8.050

5.600

4.700

3.450

3.900

0.150

6450

25500

6450

石材

12.024
10.430
8.680
5.600
4.700
±0.000
-0.450

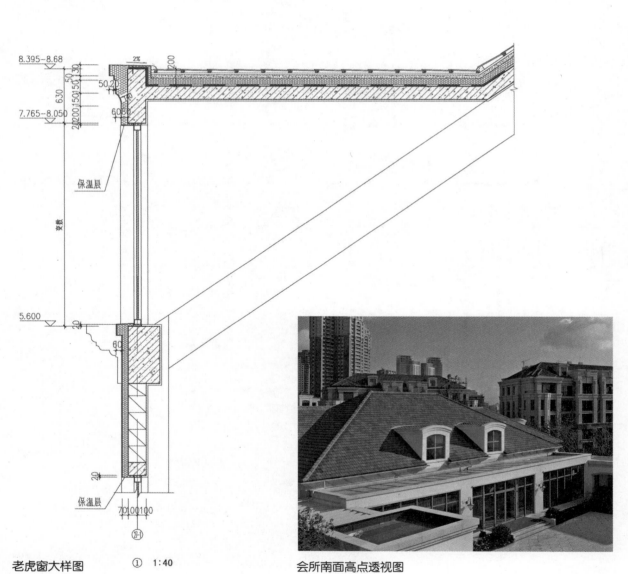

8.395－8.68

2%

7.765－8.050

保温层

5.600

保温层

70 100 100

老虎窗大样图 ① 1:40

会所南面高点透视图

162

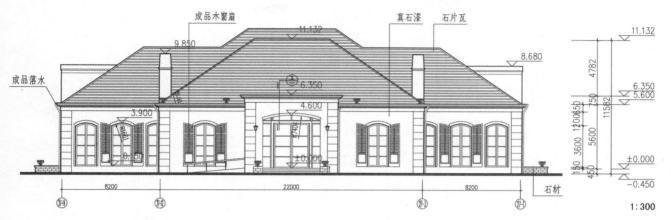

会所立面图

1:300

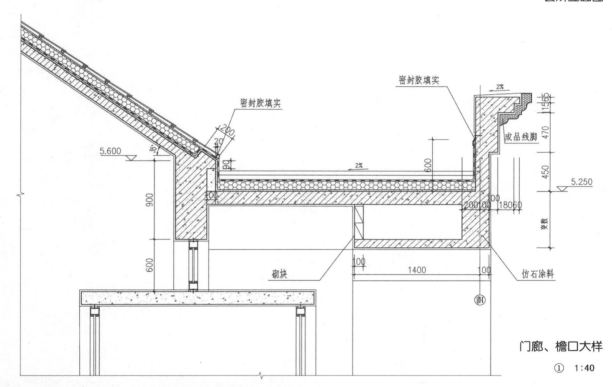

门廊、檐口大样

① 1:40

会所北面低点透视图

欧洲古典柱式

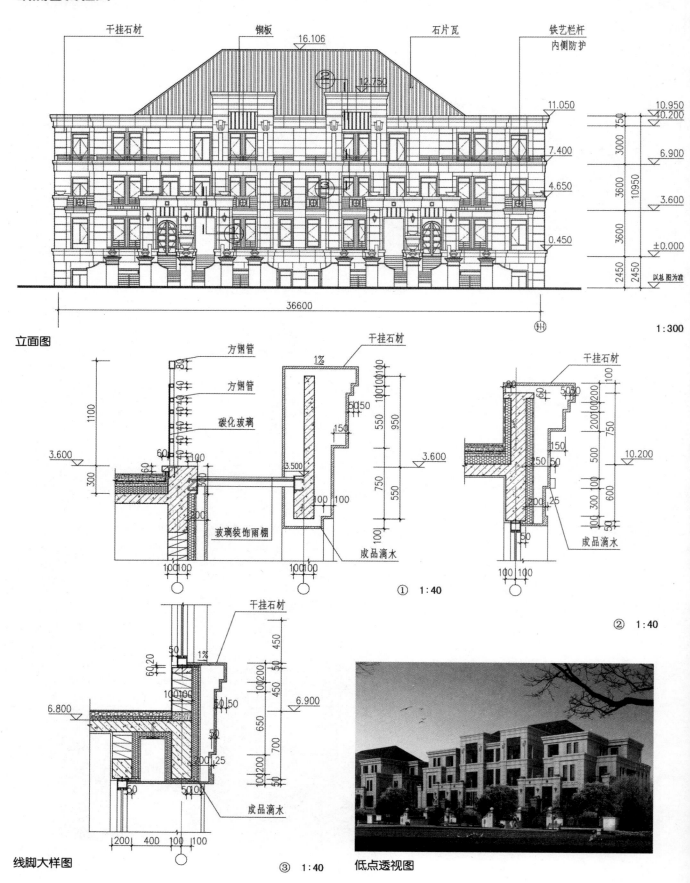

立面图

干挂石材　铜板　16.106　石片瓦　铁艺栏杆
内侧防护

12.750

11.050　10.950
40.200
7.400　6.900
4.650　3.600
0.450　±0.000

36600

1:300

方钢管
方钢管
碳化玻璃
玻璃装饰雨棚

1%　干挂石材

成品滴水

① 1:40

干挂石材

成品滴水

② 1:40

线脚大样图

干挂石材

成品滴水

③ 1:40　**低点透视图**

164

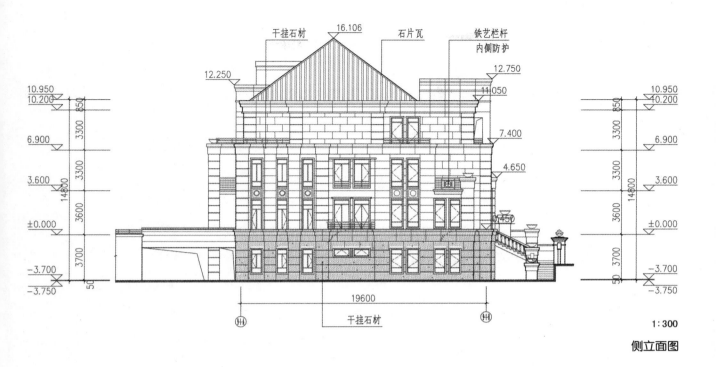

侧立面图

1：300

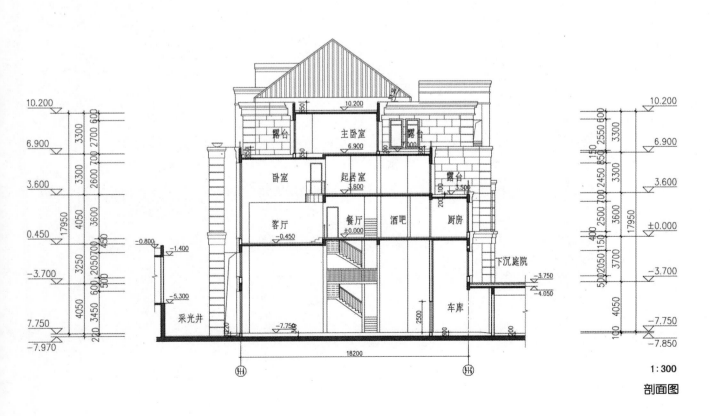

剖面图

1：300

二、深圳宝安 26 区高层住宅及商住楼

本项目位于深圳宝安区。深圳是我国改革开放的前沿，是兴建现代建筑最早的区域，早期的深圳建筑多为品质不高的国际式风格的现代建筑。开发商选择了新古典的美式 ArtDeco 风格。建筑立面按欧洲古典建筑的三段式划分，商业裙房采用现代金属板、槽钢、玻璃、石材演绎具有新的"欧洲石柱式及建筑"风格的 ArtDeco 风格建筑的柱廊，顶部显示金属构件的现代特征。女儿墙、檐部、腰线保持了古典建筑的"文脉"，同时又进行了简化与转换。这些部件的尺寸根据部件所处的位置区别对待，高处部件放大尺寸，低处部件适当缩小尺寸，纠正由于高度变化、距离变化引起的视觉误差，使其尺度感一致。商业裙房及高层住宅入口的基部以金属铝板与槽钢来表达外墙及线脚的变化，使建筑具有古典建筑的"文脉"与现代感。

总体鸟瞰图

总体商业街景低点透视图

住宅组团低点透视图

欧洲古典柱式

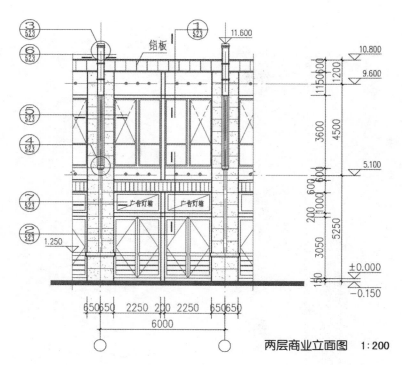

铝板

11.600

10.800
9.600
5.100
±0.000
−0.150

广告灯箱 广告灯箱

1.250

650 650 2250 200 2250 650 650
6000

两层商业立面图 1:200

局部商业街景低点透视图

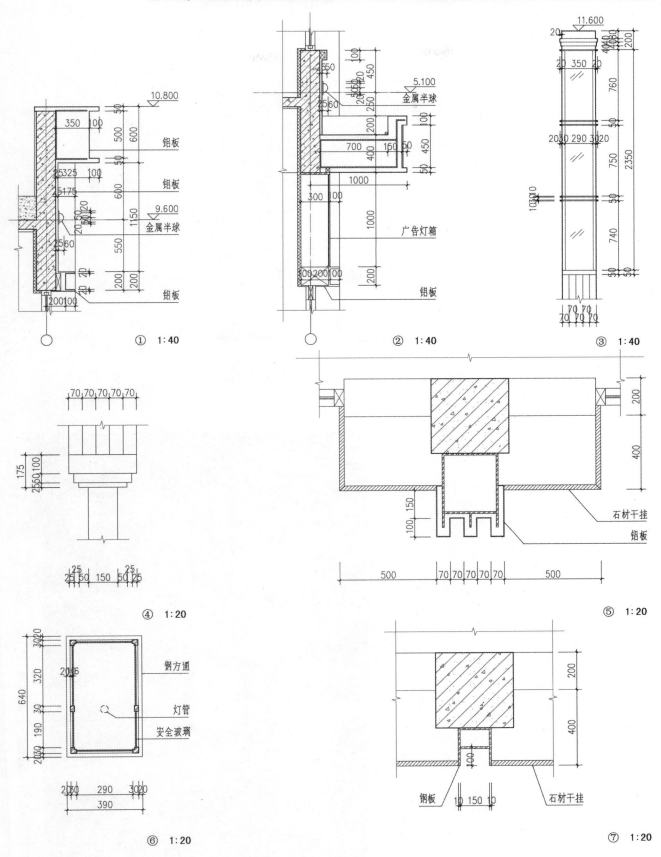

① 1:40

② 1:40

③ 1:40

④ 1:20

⑤ 1:20

⑥ 1:20

⑦ 1:20

商业节点大样图

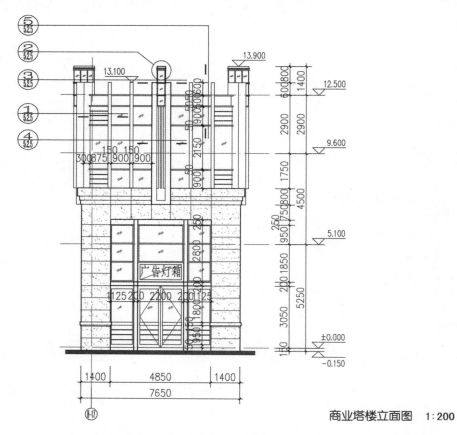

商业塔楼立面图　1:200

注：塔楼顶部施工时，因造价、
工期等原因，与原设计有所不同

商业塔楼低点实景图

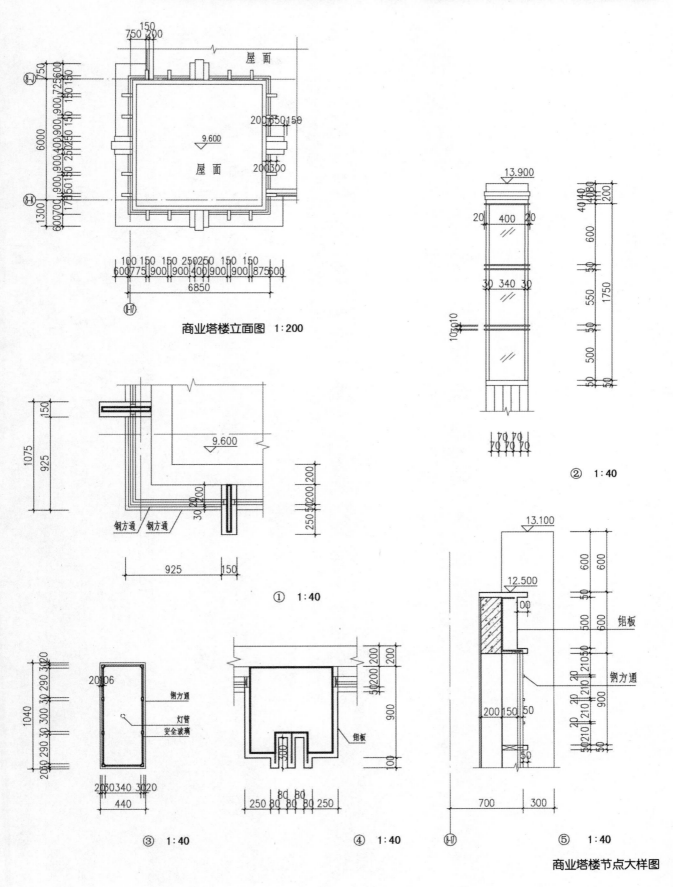

商业塔楼立面图 1:200

① 1:40

② 1:40

③ 1:40

④ 1:40

⑤ 1:40

商业塔楼节点大样图

住宅低点透视实景图

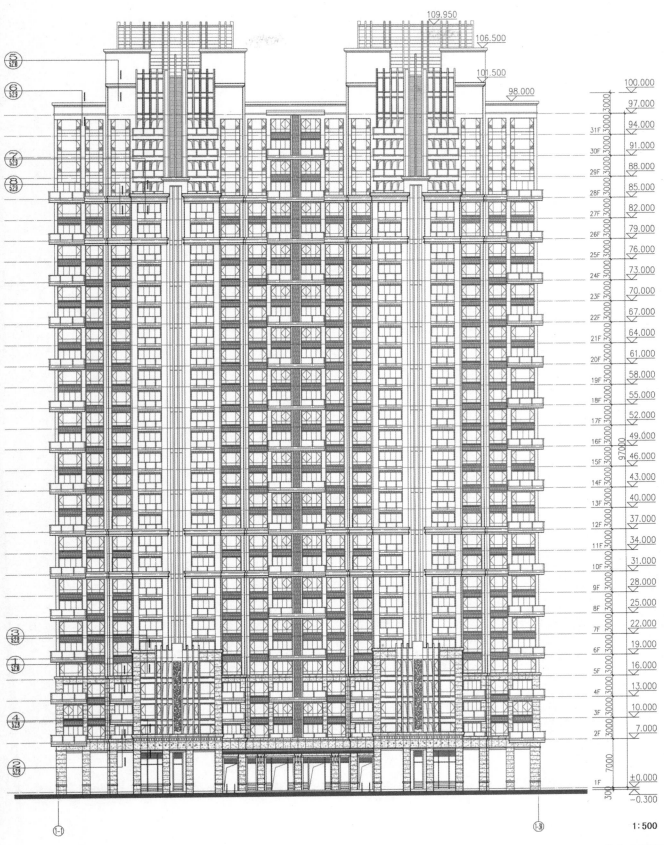

住宅立面图

1:500

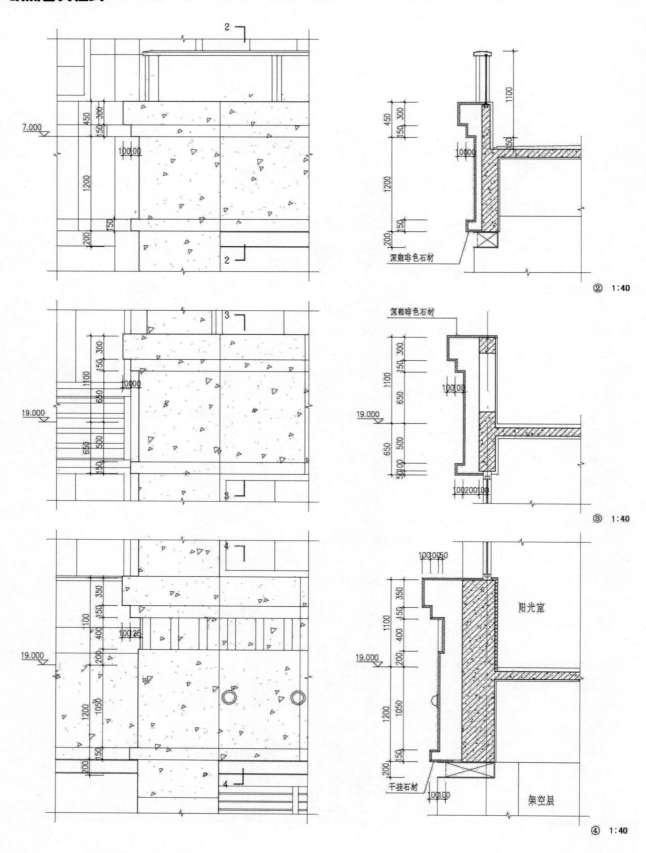

② 1:40

③ 1:40

④ 1:40

深咖啡色石材

深咖啡色石材

干挂石材

阳光室

架空层

住宅节点大样图

174

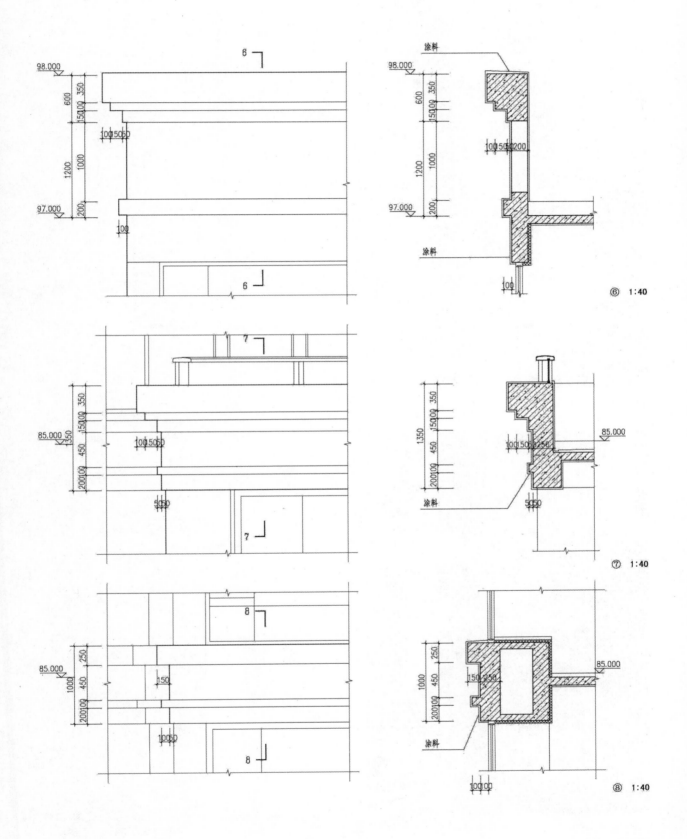

住宅节点大样图

175

住宅顶部实景图

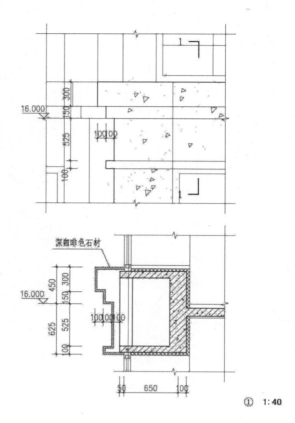

① 1:40

住宅底部实景图

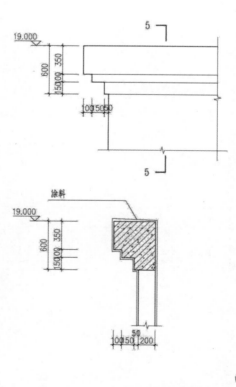

⑤ 1:40

节点大样图

176

附图

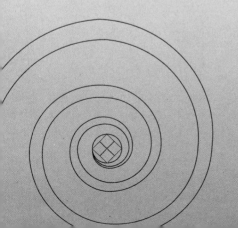

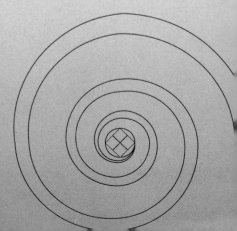

附图 1 罗马柱式大形体示意图（柱径相同）

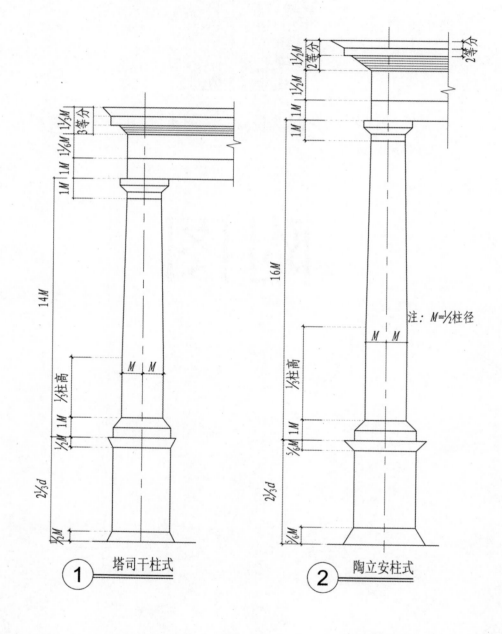

注: $M=\frac{1}{2}$柱径

① 塔司干柱式

② 陶立安柱式

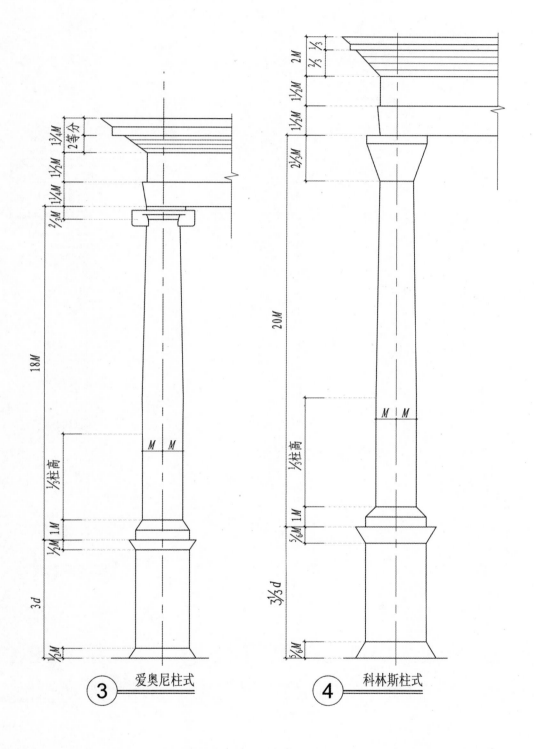

③ 爱奥尼柱式

④ 科林斯柱式

附图 2 罗马柱式图 (柱径相同)

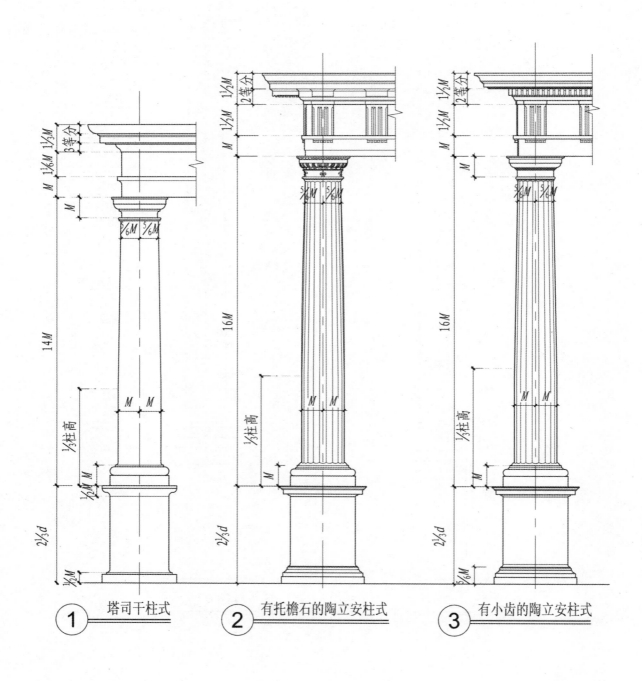

① 塔司干柱式

② 有托檐石的陶立安柱式

③ 有小齿的陶立安柱式

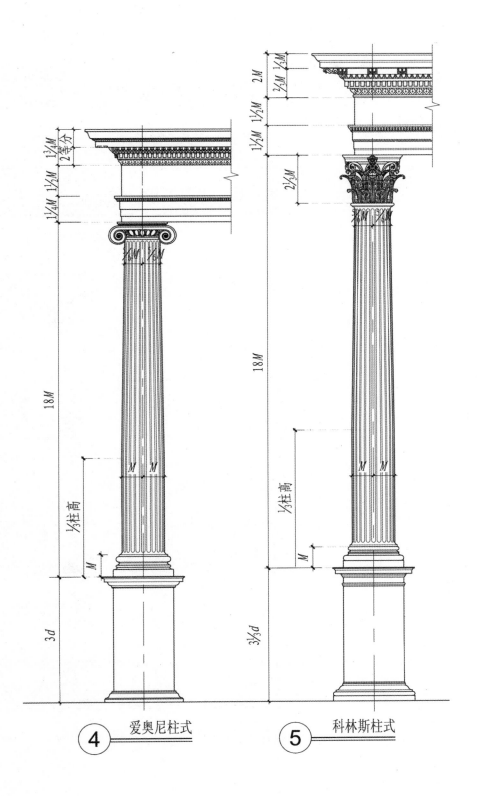

④ 爱奥尼柱式

⑤ 科林斯柱式

附图 3 装饰线脚——形式、图案花纹和装饰物

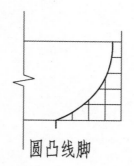

枭混线脚

混枭线脚

圆凸线脚

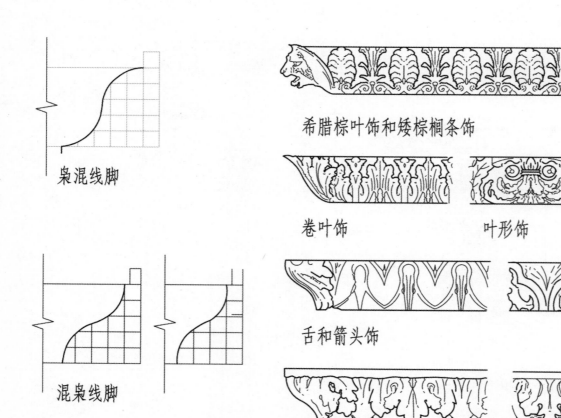

希腊棕叶饰和矮棕榈条饰

卷叶饰　　　　　　　叶形饰

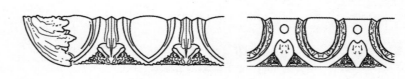

舌和箭头饰

叶和舌饰

蛋和簇形饰

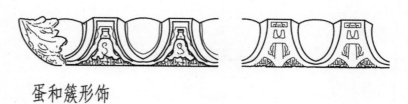

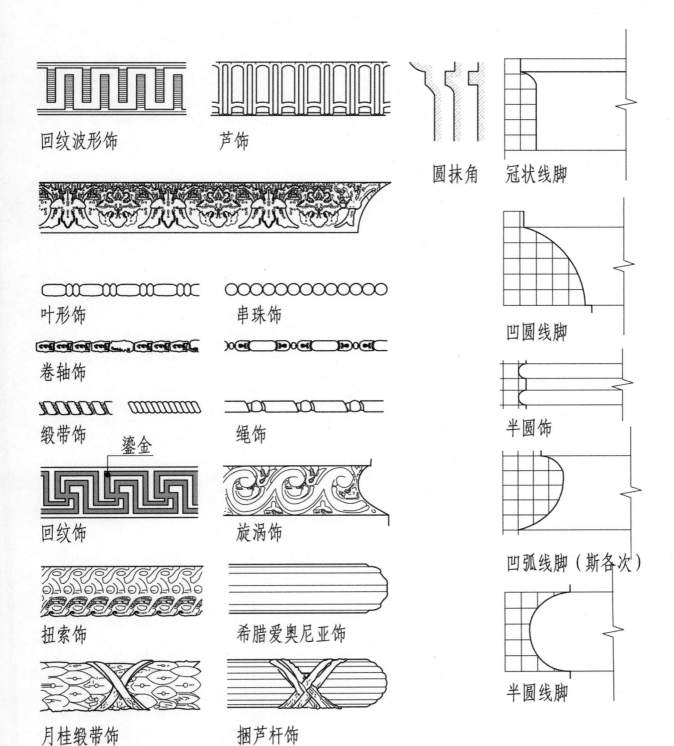

回纹波形饰　　　芦饰

圆抹角　冠状线脚

叶形饰　　串珠饰

卷轴饰

锻带饰　　绳饰

凹圆线脚

鎏金

回纹饰　　旋涡饰

半圆饰

扭索饰　　希腊爱奥尼亚饰

凹弧线脚（斯各次）

月桂锻带饰　　捆芦杆饰

半圆线脚

183

附图 4 塔司干柱式——柱础和基座

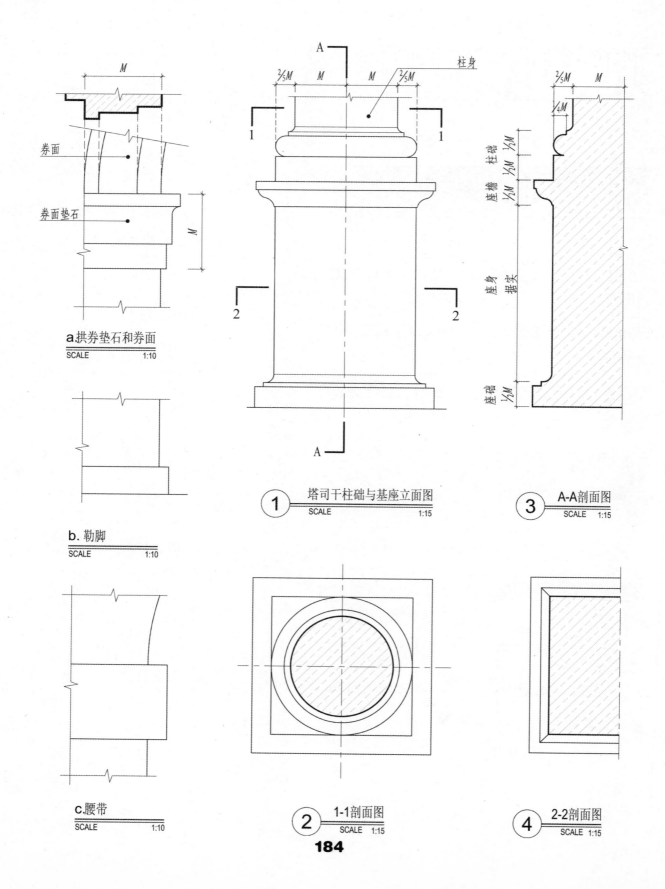

券面

券面垫石

a 拱券垫石和券面
SCALE   1:10

b. 勒脚
SCALE   1:10

c. 腰带
SCALE   1:10

柱身

① 塔司干柱础与基座立面图
SCALE   1:15

② 1-1剖面图
SCALE   1:15

座檐 柱础

座身 据实

座础

③ A-A剖面图
SCALE   1:15

④ 2-2剖面图
SCALE   1:15

附图 5 塔司干柱式——檐部和柱头

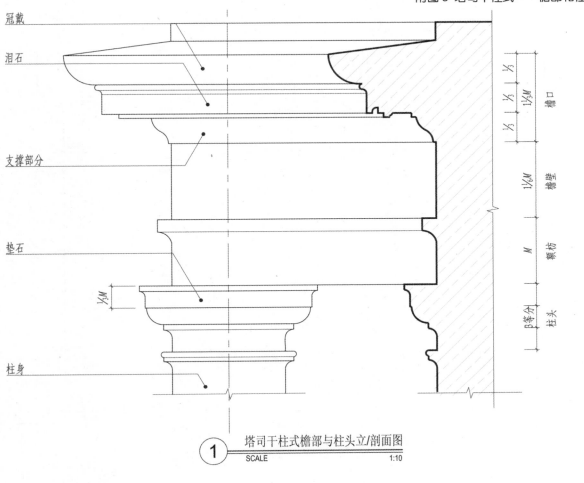

冠戴

泪石

支撑部分

垫石

柱身

$\frac{1}{3}$
$\frac{1}{3}$
$\frac{1}{3}$
$1\frac{1}{3}M$ 檐口
$\frac{1}{3}$
$1\frac{1}{2}M$ 檐壁
M 额枋
$\frac{1}{3}$等分 柱头

$\frac{1}{3}M$

① 塔司干柱式檐部与柱头立/剖面图
SCALE   1:10

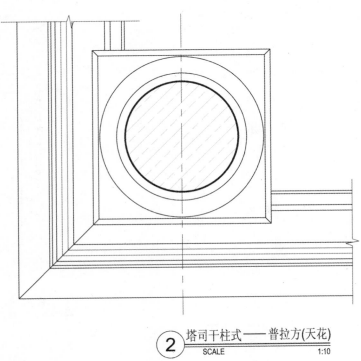

② 塔司干柱式——普拉方(天花)
SCALE   1:10

附图 6 陶立安柱式——柱础和基座

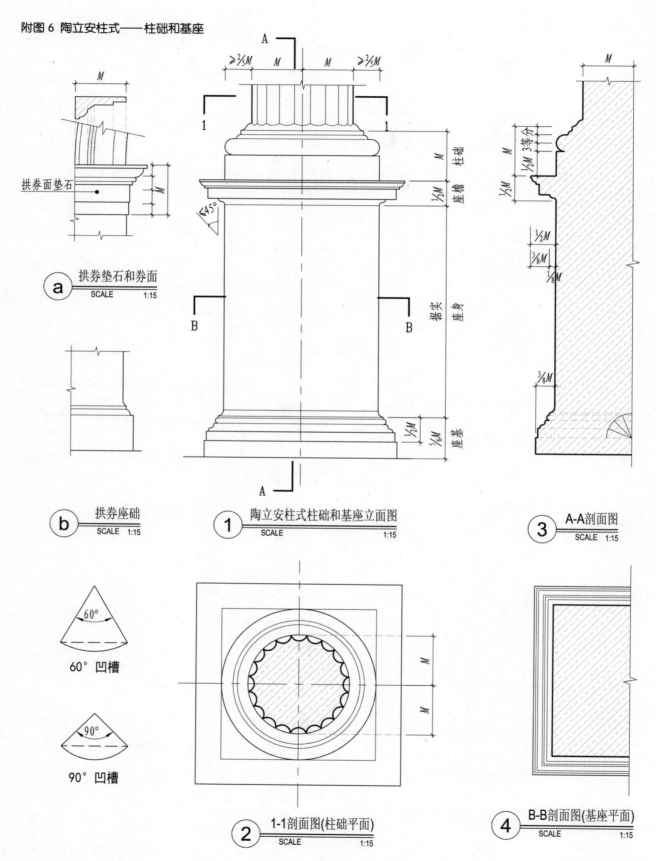

拱券面垫石

a 拱券垫石和券面
SCALE 1:15

b 拱券座础
SCALE 1:15

60° 凹槽

90° 凹槽

1 陶立安柱式柱础和基座立面图
SCALE 1:15

2 1-1剖面图(柱础平面)
SCALE 1:15

3 A-A剖面图
SCALE 1:15

4 B-B剖面图(基座平面)
SCALE 1:15

注:1个母度为12个分度

附图 7 有小齿的陶立安柱式——檐部和柱头

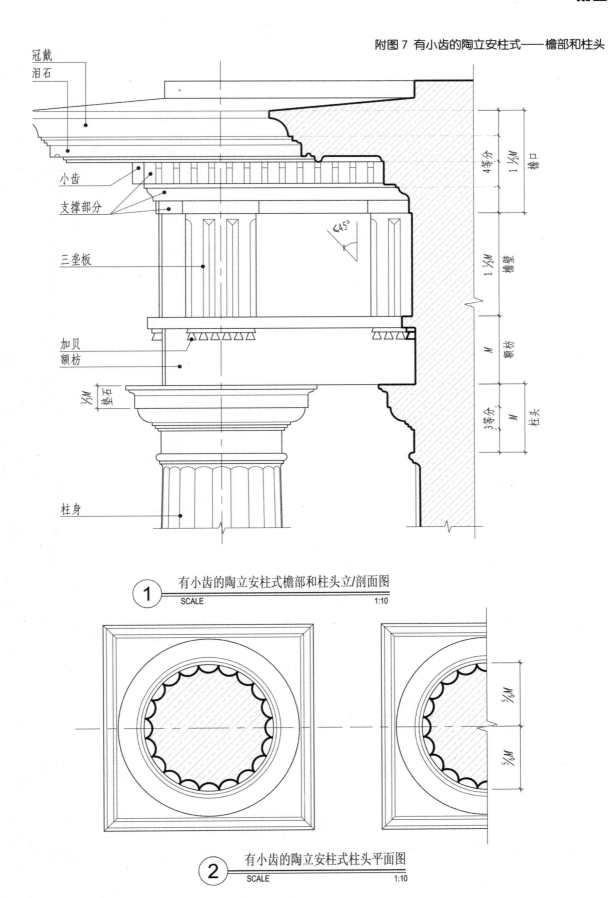

冠戴
泪石
小齿
支撑部分
三垄板
≤45°
加贝
额枋
½M 垫石
柱身

4等分 1½M 檐口
1½M 檐壁
M 额枋
3等分 M 柱头

① 有小齿的陶立安柱式檐部和柱头立/剖面图
　SCALE　　　　　　　　　　　　　　1:10

⅚M
⅚M

② 有小齿的陶立安柱式柱头平面图
　SCALE　　　　　　　　　　　　　　1:10

附图 8 有小齿的陶立安柱式——三垄板大样

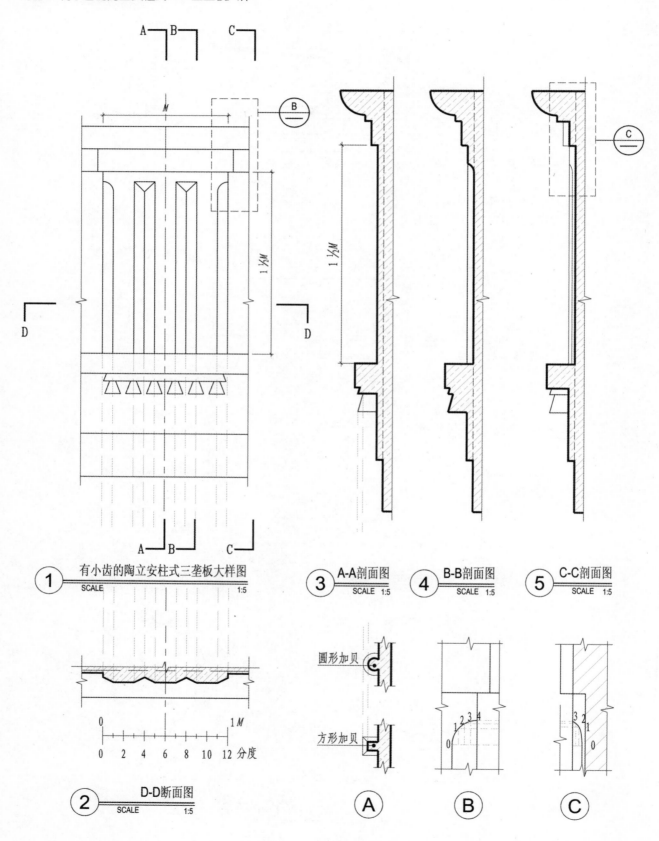

① 有小齿的陶立安柱式三垄板大样图
SCALE   1:5

② D-D断面图
SCALE   1:5

③ A-A剖面图
SCALE 1:5

④ B-B剖面图
SCALE 1:5

⑤ C-C剖面图
SCALE 1:5

圆形加贝

方形加贝

Ⓐ   Ⓑ   Ⓒ

附图 9 有小齿的陶立安柱式——普拉方（天花）

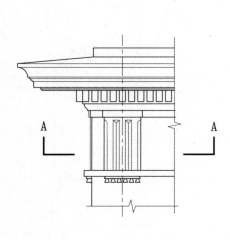

① 普拉方（天花）立面图
SCALE　　1:20

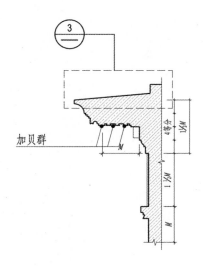

加贝群

② 普拉方（天花）断面图
SCALE　　1:20

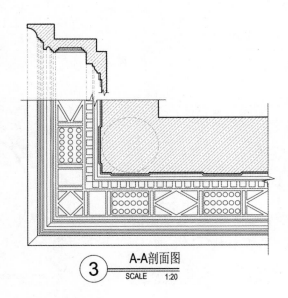

③ A-A剖面图
SCALE　　1:20

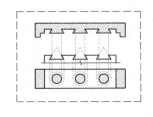

④ 泪石加贝大样图
SCALE　　1:15

附图10 罗马有托檐石的陶立安柱式——檐部与柱头

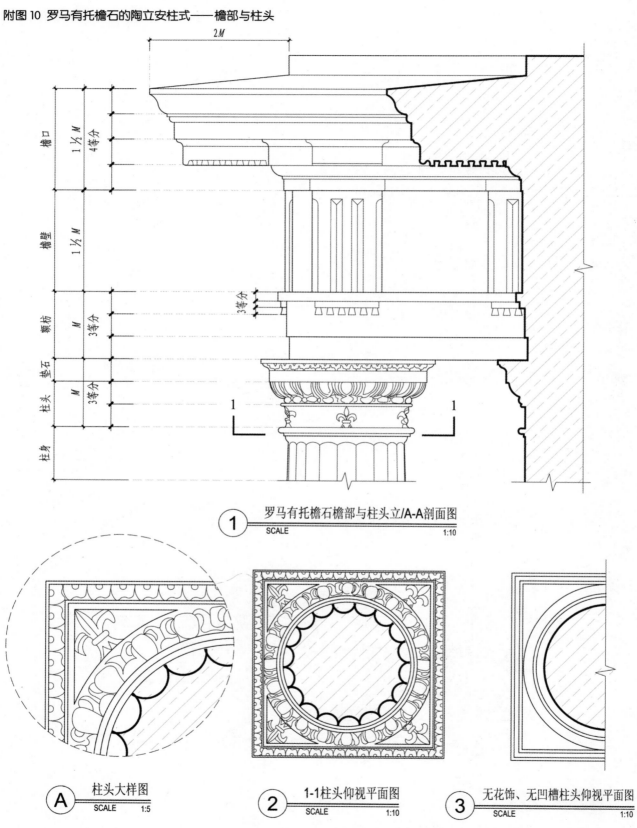

2M

檐口 1½M 4等分

檐壁 1½M

3等分

额枋 M 3等分

垫石 M

柱头 M 3等分

柱身

① 罗马有托檐石檐部与柱头立/A-A剖面图
SCALE   1:10

Ⓐ 柱头大样图
SCALE   1:5

② 1-1柱头仰视平面图
SCALE   1:10

③ 无花饰、无凹槽柱头仰视平面图
SCALE   1:10

注: 有托檐石的陶立安柱式与有小齿的陶立安柱式的柱头、
柱身、柱础与基座相同。

190

附图 11 罗马有托檐石的陶立安柱式——普拉方（天花）

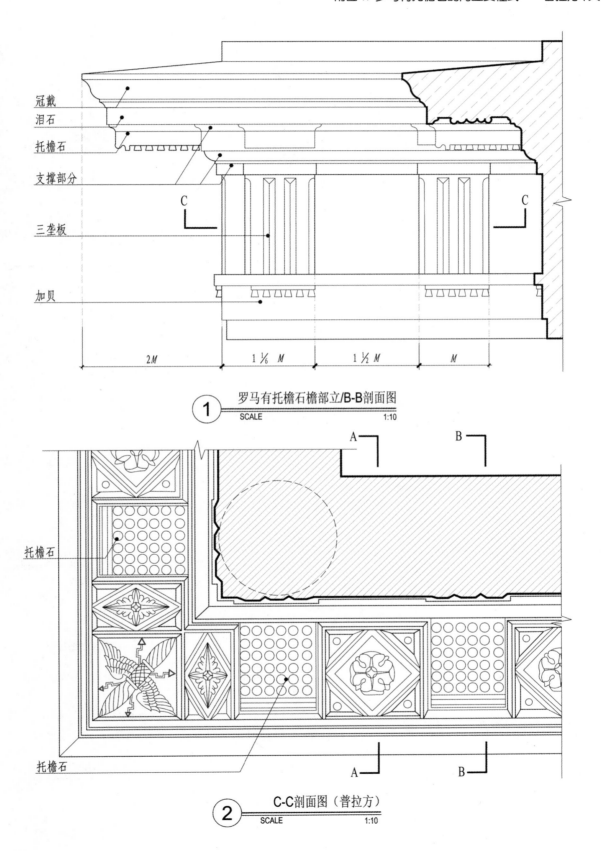

冠戴

泪石

托檐石

支撑部分

三垄板

加贝

2M　　1⅙ M　　1½ M　　M

1 罗马有托檐石檐部立/B-B剖面图
SCALE　　　　　　　1:10

A　　B

托檐石

托檐石

A　　B

2 C-C剖面图（普拉方）
SCALE　　　　　　　1:10

191

附图12 爱奥尼柱式——柱础和基座

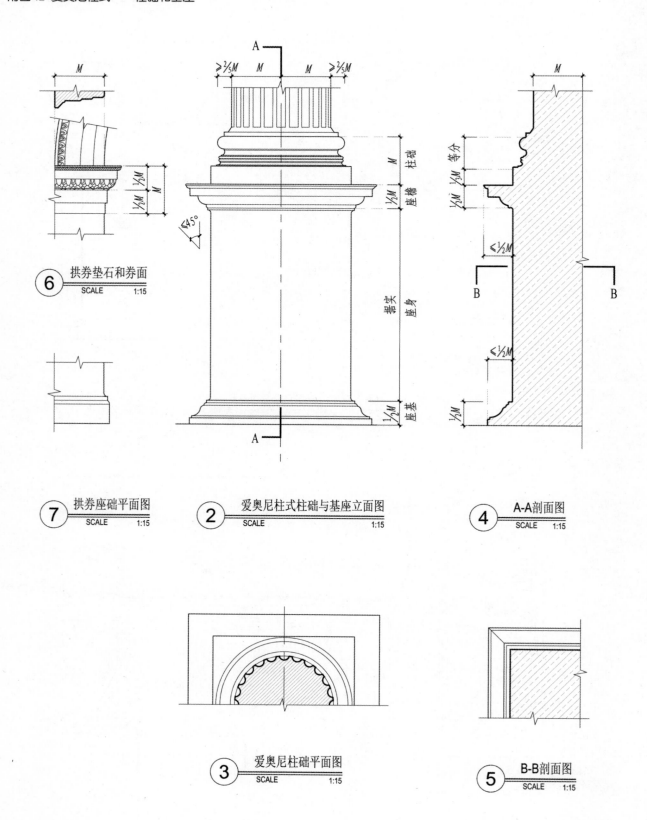

⑥ 拱券垫石和券面
SCALE　　　1:15

⑦ 拱券座础平面图
SCALE　　　1:15

② 爱奥尼柱式柱础与基座立面图
SCALE　　　1:15

④ A-A剖面图
SCALE　　　1:15

③ 爱奥尼柱础平面图
SCALE　　　1:15

⑤ B-B剖面图
SCALE　　　1:15

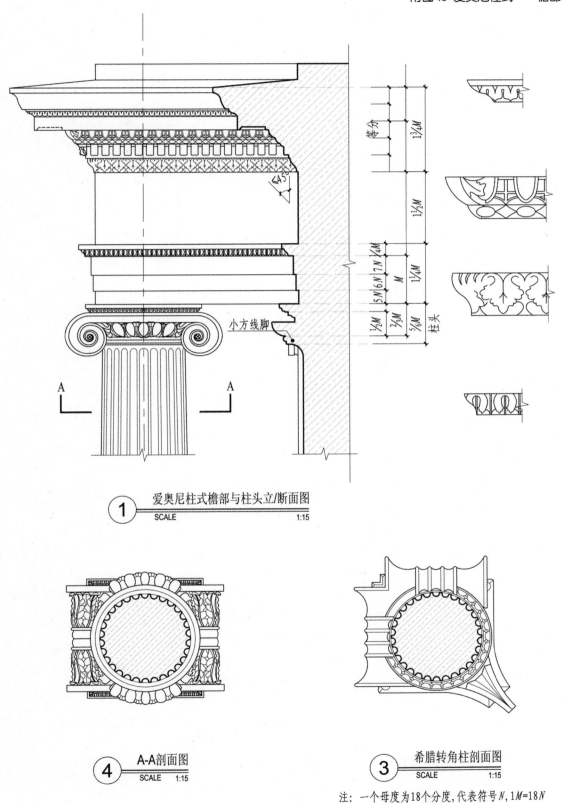

等分

1¼M

1½M

¼M

M

1¼M

½M
⅔M
⅚M

5 N 6 N 7 N

小方线脚

柱头

① 爱奥尼柱式檐部与柱头立/断面图
SCALE   1:15

④ A-A剖面图
SCALE   1:15

③ 希腊转角柱剖面图
SCALE   1:15

注：一个母度为18个分度，代表符号 N，1M=18N

193

附图14 爱奥尼柱式——柱头

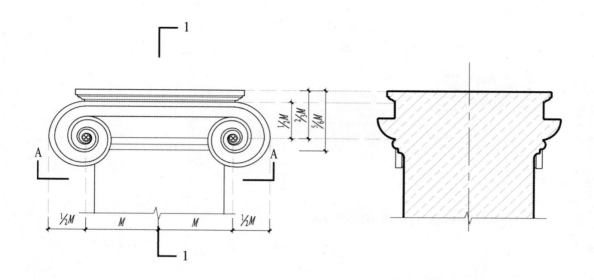

① 爱奥尼柱头立面图
　SCALE　　　　1:10

③ 爱奥尼柱头1-1剖面图
　SCALE　　　　1:10

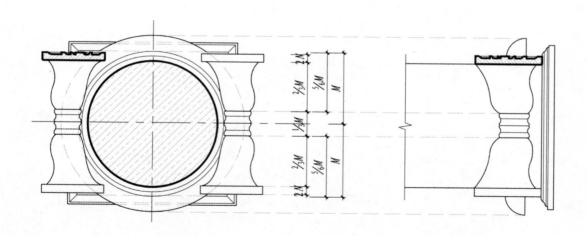

② A-A剖面图
　SCALE　1:10

④ 爱奥尼柱头平面图
　SCALE　　　　1:10

附图 15 爱奥尼柱式——旋涡的画法

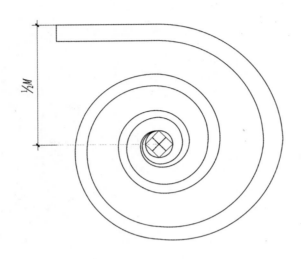

① 爱奥尼柱头旋涡大样图
SCALE　　　　　1:3

② 旋涡剖面图
SCALE　　　　　1:3

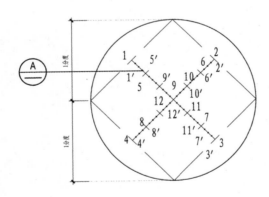

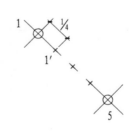

③ 旋涡小眼睛大样图
SCALE　　　　　1:0.5

Ⓐ

附图 16 爱奥尼柱式——普拉方（天花）

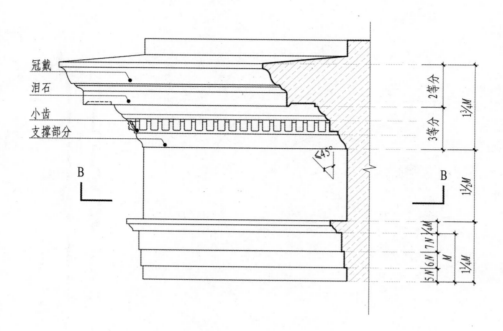

冠戴
泪石
小齿
支撑部分

① 爱奥尼柱式——普拉方立/断面图
SCALE   1:15

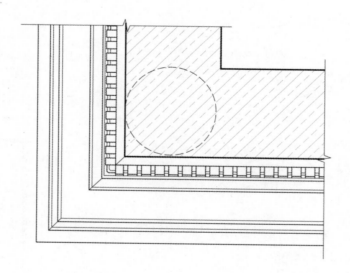

② B-B剖面图 天花(普拉方)
SCALE   1:15

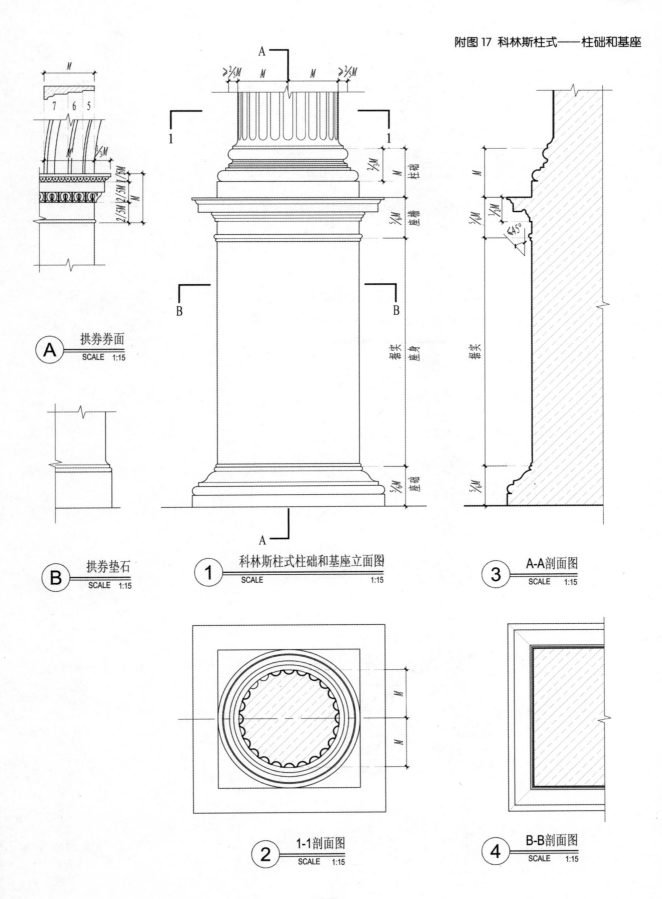

附图17 科林斯柱式——柱础和基座

Ⓐ 拱券券面 SCALE 1:15

Ⓑ 拱券垫石 SCALE 1:15

① 科林斯柱式柱础和基座立面图 SCALE 1:15

② 1-1剖面图 SCALE 1:15

③ A-A剖面图 SCALE 1:15

④ B-B剖面图 SCALE 1:15

197

附图18 科林斯柱式——檐部与柱头

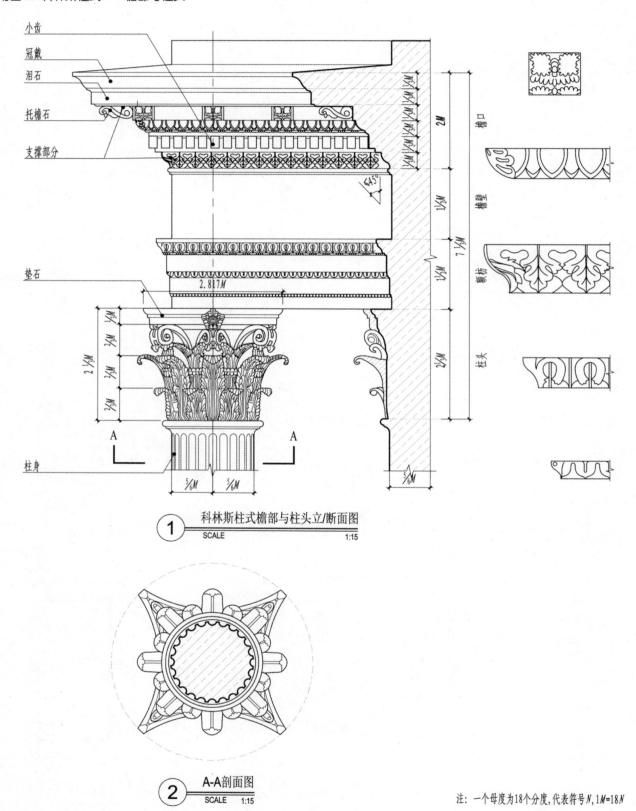

小齿
冠戴
泪石
托檐石
支撑部分
垫石
柱身

2.817M

$\frac{5}{6}M$ $\frac{5}{6}M$

45°

2M
$1\frac{1}{2}M$
$7\frac{1}{3}M$
$1\frac{1}{2}M$
$2\frac{1}{3}M$

檐口
檐壁
额枋
柱头

$2\frac{1}{3}M$

$\frac{5}{6}M$

A   A

① 科林斯柱式檐部与柱头立/断面图
SCALE   1:15

② A-A剖面图
SCALE   1:15

注: 一个母度为18个分度, 代表符号 N, $1M=18N$

附图 19 科林斯柱式——普拉方（天花）

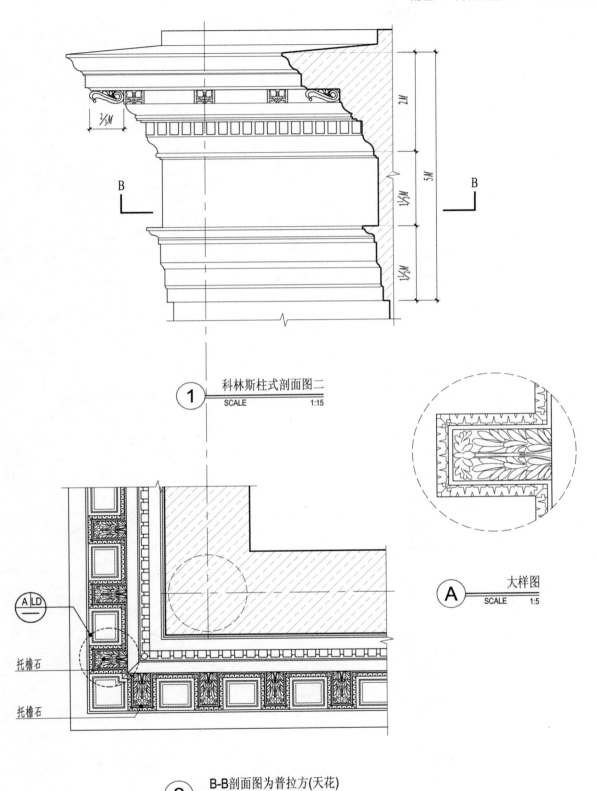

$\frac{2}{3}M$

2M

5M

$1\frac{1}{2}M$

$1\frac{1}{2}M$

B

B

1 科林斯柱式剖面图二
SCALE   1:15

大样图
A
SCALE   1:5

A D
托檐石

托檐石

2 B-B剖面图为普拉方(天花)
SCALE   1:15

附图 20 科林斯柱式——柱头的做法

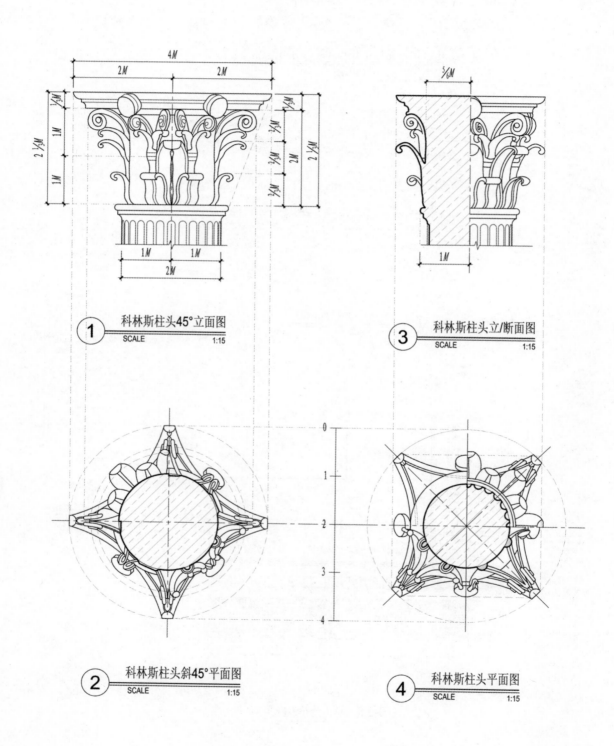

科林斯柱头45°立面图
① SCALE 1:15

科林斯柱头立/断面图
③ SCALE 1:15

科林斯柱头斜45°平面图
② SCALE 1:15

科林斯柱头平面图
④ SCALE 1:15

附图 21 复合柱式——檐部和柱头

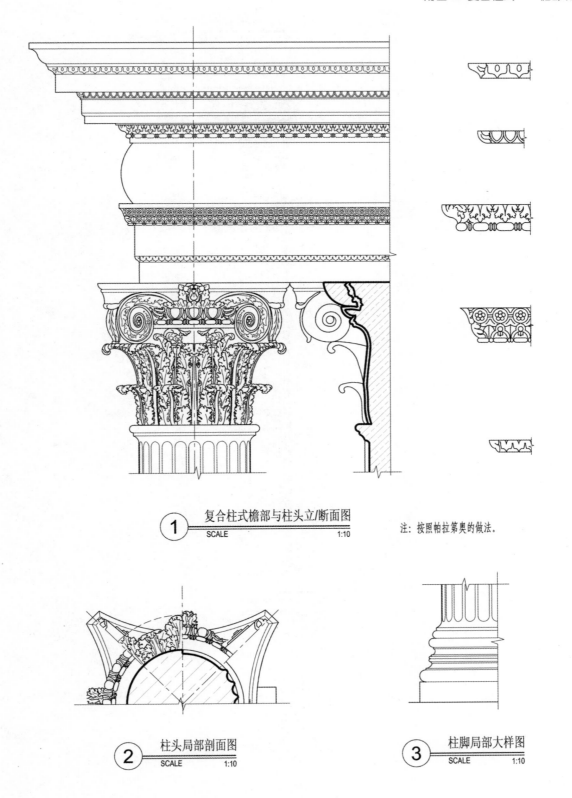

$\textcircled{1}$ 复合柱式檐部与柱头立/断面图
SCALE 1:10

注: 按照帕拉第奥的做法。

$\textcircled{2}$ 柱头局部剖面图
SCALE 1:10

$\textcircled{3}$ 柱脚局部大样图
SCALE 1:10

附图 22　复合柱式——柱头、柱脚局部大样

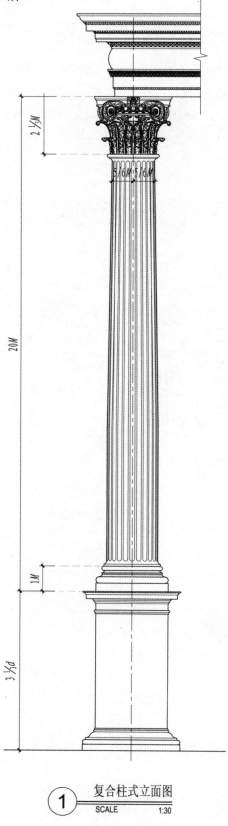

$\frac{1}{1}$ 复合柱式立面图

SCALE　　　　1:30

参考文献

[1] 陈志华. 外国建筑史 [M]. 北京：中国工业出版社，1962.

[2] 同济大学，清华大学，南京工学院，等. 外国近现代建筑史 [M]. 北京：中国建筑工业出版社，1982.

[3] 王文卿. 西方古典柱式 [M]. 南京：东南大学出版社，2001.

[4] 伊·布·米哈洛弗斯基. 古典建筑形式 [M]. 陈志华，高亦兰，译. 北京：建筑工程出版社，1955.

[5] 许乙弘，常青. ArtDeco 的源与流——中西"摩登建筑"关系研究 [M]. 南京：东南大学出版社，2006.

[6] 唐艺设计资讯集团. 时代楼盘 100：住宅示范区 [M]. 广州：广东经济出版社，2013.

[7] 丹尼尔·波登，等. 世界经典建筑 [M]. 王珍瑛，江伟霞，赵晓萌，译. 青岛：青岛出版社，2012.

[8] 乔治·哈特曼，沃伦·考克斯. 哈特曼－考克斯 [M]. 上海：世界图书出版公司，1997.

[9] 盐野七生. 罗马人的故事Ⅰ：罗马不是一天建成的 [M]. 计丽屏，译. 北京：中信出版社，2011.

[10] 盐野七生. 罗马人的故事Ⅱ：汉尼拔战记 [M]. 计丽屏，译. 北京：中信出版社，2012.

[11] 盐野七生. 罗马人的故事Ⅲ：胜者的迷思 [M]. 刘锐，译. 北京：中信出版社，2012.

[12] 盐野七生. 罗马人的故事ⅩⅤ：罗马世界的终曲 [M]. 田建华，田建国，译. 北京：中信出版社，2013.